산수 100가지 난문·기문 3

풀 수 있다면 당신은 천재!
주옥같은 명문제가 나란히

나카무라 기사쿠 지음
한명수 옮김

전파과학사

【지은이】

　나카무라 기사쿠는 일본 도쿄 출신으로 니혼(日本)대학 공학부 전기공학과를 졸업했다. 전기통신성(현재의 NTT)의 기관(技官), 신슈(信州)대학 공학부 교수, 시즈오카대학 경영정보학부 교수를 역임했다. 전공은 조합수학, 유한수학, 소프트웨어 공학이다. 수리 퍼즐 분야에서 유명하다. 저서로는 『4차원의 기하학』, 『산수 100가지 난문·기문』, 『산수 100가지 난문·기문 3』, 『수학 퍼즐 20의 해법』 등이 있다.

【옮긴이】

　한명수는 서울대학교 사범대학에서 수학했다. 전파과학사 주간, 동아출판사 편집부, 신원기획 일어부장을 역임했다. 역서로는 『산수 100가지 난문·기문 3』, 『궁극의 가속기 SSC와 21세기 물리학』, 『물리학의 재발견(상)』, 『물리학의 재발견(하)』, 『우주의 종말』, 『인류가 태어난 날 I, II』, 『중성미자 천문학의 탄생』, 『PC로 도전하는 원주율』, 『현대물리학 입문』 등이 있다.

첫머리에

저자의 먼저 책인 『산수 100가지 난문·기문』을 블루백스에서 출판한 것은 지금부터 약 4년 전이다. 편집부의 이타다니 씨의 권유로 중학교 입학시험에 출제된 '산수의 난문·기문'을 독자 여러분에게 소개하고, 아울러 사고 훈련과 통찰력, 추리력 함양에 도움을 주려는 것이 목적이었다. 저자로서는 문제 선택과 그 평이한 해설에 마음을 썼는데, 기대 이상의 호평을 얻어 2년 후에는 『산수 100가지 난문·기문 PART 2』를 출판하게 되었다. 다행히 이 속편도 여러분의 호평을 얻어 이번에 다시 『산수 100가지 난문·기문 PART 3』를 출판하게 되었다. 독자 여러분의 애호에 마음으로부터 감사한다.

이번 책의 취지와 구성은 앞의 두 책과 거의 같다. 극히 최근의 중학교의 입학시험에 출제된 산수 문제로부터 100가지의 난문·기문을 골라 초등학생도 이해할 수 있게 해설하는 것이다. 여기의 100가지 문제는 앞의 『산수 100가지 난문·기문 PART 2』 이후에 출제된 입학시험 문제이고 과반수 이상이 1991년의 입학시험 문제이다. 나머지는 1990년의 입학시험 문제에서 버리기 아까운 문제를 골랐다. 즉, 여기에서 소개하는 100문제는 이 2년간 출제된 최신의 입학시험 문제이다. 처음으로 보게 되는 독자는 '이것이 초등학생에게 낸 입학시험 문제인가' 하고 의심하겠지만 진짜 입학시험 문제이다.

먼저 책에서도 이야기했지만 이 책은 유명 중학교에 입학을 희망하는 초등학생만을 위해서 쓴 것은 아니다. 여기에서 보인

교묘한 해법이 중학생, 고등학생에게는 사고 훈련으로서, 또 대학생, 사회인에게는 통찰력과 추리력 함양에 도움이 되었으면 한다. 그것은 여기에 있는 100문제에 도전해 보면 알게 된다. 기껏 초등학생에게 출제된 것이라고 깔보면 호되게 당하게 된다. 간단하게 보이는 문제라도 중·고등학교에서 배우는 대수나 기하 공식은 사용할 수 없으므로 생각하는 방법만이 믿을 수 있다. 실제로 여기에 있는 몇 문제를 대학생에게 시켜보았더니 한참이나 고심한 문제도 있었다. 그만큼 주의 깊은 사고력이나 날카로운 통찰력이 요구된다. 해답을 보기 전에 반드시 자기 나름대로 답을 구해 보기 바란다. 틀림없이 사고나 추리에 도움이 될 것이다.

끝으로 이 책을 쓰는 데 있어서 많은 중학교 입학시험 문제의 해설서를 참고로 하였다. 여기에서 깊은 감사의 뜻을 전한다. 또 소개한 문제의 문장은 조금 수정한 것이 있다. 끝으로 고단샤(講談社)의 이타다니 씨와 블루백스의 편집부 여러분은 이 책의 집필을 권유해 준 데다가 여러 가지로 도움을 주었다. 마음으로부터 감사한다.

나카무라 기사쿠

차례

1장

수의 문제

문제 1

아래 계산에서 □ 속에 숫자를 넣어 계산을 완성시켜라.

```
        □ 2 □
    ×     □ 7
    □ □ □ 5
  □ 3 0 □
  □ 5 □ □ 5
```

해설

극히 간단한 계산이므로 마구잡이로 계산해도 답은 나온다.
그러나 조금은 능률적으로 찾는 것이 좋다.

해답

1행째의 일의 자릿수가 5가 되는 것은 그것과 7의 곱이 "□5"가 되는 것에서 분명하다. 그러나 1행째의 백의 자릿수는 금방 나오지 않는다. 그래서 2행째의 십의 자릿수가 얼마나 되는가를 생각한다. 이것에는 4행째의 곱에 주의하여 이 부분만을 아래와 같이 뽑아낸다. 여기서 ★표는 거기 계산은 무시한다는 의미이다. 그러면 4행째의 십의 자릿수가 0이 되는 것은 2행째의 십의 자릿수가 4나 8일 때뿐이다. 그러나 8로 하면 1행째의 십의 자릿수가 2이기 때문에 4행째의 백의 자릿수는 짝수가 되어 3이 나오지 않는다. 이리하여 2행째의 수는 47이라고 결정된다. 그러면 1행째의 백의 자릿수는 4행째의 백의 자릿수가 3이 되는 데서 3이나 8의 어느 쪽이 된다. 그러나 8로 하면 5행째의 천의 자리의 5가 나오지 않는다. 답은 오른쪽과 같이 된다.

$$
\begin{array}{r}
\square\,2\,\square \\
\times\ \ \square\,7 \\
\hline
\square\,\square\,\square\,5 \\
\square\,3\,0 \\
\hline
\square\,5\,\square\,\square\,5
\end{array}
$$

$$
\begin{array}{r}
\square\,2\,5 \\
\times\ \ \square\,7 \\
\hline
\bigstar\ \bigstar\ \bigstar\ \bigstar \\
\square\,3\,0\,\square \\
\hline
\bigstar\ \bigstar\ \bigstar\ \bigstar\ \bigstar
\end{array}
$$

$$
\begin{array}{r}
3\,2\,5 \\
\times\ \ 4\,7 \\
\hline
2\,2\,7\,5 \\
1\,3\,0\,0 \\
\hline
1\,5\,2\,7\,5
\end{array}
$$

문제 2

1에서 □까지의 정수를 모두 곱하여 그 곱을 12로 나눈다. 그리고 그 몫이 아직 12로 나누어질 때는 다시 12로 나눈다. 이리하여 몫이 12로 나눠질 수 있을 때까지 차례차례 12로 나눈다. 이 결과, 마지막 몫이 25025가 되었다.

1에서 얼마까지의 정수를 곱한 것일까?

$$1 \times 2 \times 3 \times \cdots\cdots \times \boxed{} = \boxed{}$$
$$\boxed{} \div 12 \div 12 \div 12 \div \cdots\cdots \div 12 = 25025$$

해설

12를 나누는 소수는 2와 3의 2개뿐이다. 그 밖의 소수에서 25025를 나누는 것을 생각해 보라.

해답

소수를 작은 순으로 구하면

2, 3, 5, 7, 11, 13, 17, 19, …

가 된다. 이 중의 2와 3은 12의 약수이므로 그 이외의 소수로 25025를 순차적으로 나눠 본다. 그러면

$$25025 \div 5 = 5005$$
$$5005 \div 7 = 715$$
$$715 \div 11 = 65$$
$$65 \div 13 = 5$$

가 되어 13까지는 나눠지고, 다음 17로는 나눠지지 않는다. 이것으로부터 1에서 13까지의 정수는 모두 곱하였으므로 다음의 17은 곱하지 않았다. 이리하여 아무리 많아도 곱한 수는 16까지이다.

다음에 위의 나눗셈에 의한 마지막 몫은 5이다. 이것은 마지막 곱은 5×5로 나눠지고 5×5×5로는 나눠지지 않는 것을 나타낸다. 이것에서 5로 나눠지는 수는 5와 10을 곱한 것뿐이고 15는 곱하지 않았다. 또 14까지를 곱했다고 하면 최초의 곱은 7×7로 나눠질 것이다. 그러나 7에서는 1회밖에 나눠지지 않으므로 곱한 정수는 1에서 13까지라고 알 수 있다.

문제 3

4개의 수 5, 6, 7, 8을 어느 것이나 1회씩 사용하여 이 사이에 +, -, ×, ÷, ( ) 속에 몇 개를 넣으면 여러 가지 수를 만들 수 있다. 예를 들면 아래와 같이 하면 10이 된다. 이 예에 따라 9를 만드는 식을 만들어라.

⟨10을 만드는 식의 예⟩

$8+(7+5)\div6=10$

해설

우연히 생기는 수이므로 어느 정도의 시행착오는 피할 수 없다. 그러나 즉흥적인 식이 아니고 다소 조직적으로 조사하는 것이 좋다.

해답

5, 6, 7, 8의 네 수의 합은 26이다. 그러면 네 수의 어느 것을 마이너스로 해도 그 수의 2배가 줄 뿐이고 홀수는 되지 않는다. 이리하여 네 수 앞에 (+)와 (-)를 붙이는 것만으로는 9를 만들 수 없다는 것을 알 수 있다.

그래서 네 수를 5와 (6, 7, 8)로 나누고 괄호 안의 세 수로 4나 14나 45를 만드는 것을 생각한다. 이것은

$$5+4=14-5=45÷5=9$$

로 9를 만들 수 있기 때문이다. 그러면 4와 45는 만들 가능성이 보이지 않는데, 14는 7×(8-6)으로 만들 수 있다. 이것에서

$$7×(8-6)-5=9$$

가 발견된다. 다음에 6과 (5, 7, 8)로 나누어 괄호 안의 세 수로 3이나 15나 54를 만드는 것을 생각한다. 그러면 15와 54는 만들 수 없을 것 같으나 3은 (8+7)÷5로 만들 수 있다. 이것에서

$$6+(8+7)÷5=9$$

를 발견할 수 있다. 다음에 7과 (5, 6, 8)로 나눠 괄호 안의 세 수로 2나 16이나 63을 만드는 것을 생각한다. 그러면 16과 63은 만들 수 없을 것 같지만 2는 6÷(8-5)로 만들 수 있다. 이것에서

$$7+6÷(8-5)=9$$

를 발견할 수 있다. 마지막으로 8과 (5, 6, 7)로 나누어 괄호 안의 세 수로 1이나 17이나 72를 만드는 것을 생각한다. 그러면 1과 17은 만들 수 없을 것 같지만 72는 (5+7)×6으로 만들 수 있다. 이것에서

$$(5+7)×6÷8=9$$

가 발견된다. 또 이 밖에도 있을지 모른다.

문제 4

4개의 정수 a, b, c, d가 있고 a와 b를 곱하면 72, b와 c 를 곱하면 54, b와 d를 곱하면 90이 된다. 이러한 4개의 정수 a, b, c, d의 조는 전부 몇 조가 있는가? 또 이들 중 4개의 정수의 합이 가장 작아지는 조에서 c와 d의 곱은 얼마나 되는가?

해설

a와 b, b와 c, b와 d의 곱이므로 어느 곱에도 b가 포함되 어 있다. 이것에서 b는 어떤 수가 되는가의 조건이 결정된다.

해답

 b에 a를 곱한 것이 72, c를 곱한 것이 54, d를 곱한 것이 90이므로 72도 54도 90도 b로 나눠진다. 그래서 이들의 세 수를 소수의 곱으로 나누면

72=2×2×2×3×3

54=2×3×3×3

90=2×3×3×5

가 되어 이들에 공통으로 포함되는 18(=2×3×3)도 b로 나눠진다. 그래서 18을 나누는 수를 조사하면, b는

1, 2, 3, 6, 9, 18

의 어느 것이 되며 각각에 대해서 a, c, d의 값이 결정된다. 이것에서 (a, b, c, d)의 구체적인 조합을 구하면

(72, 1, 54, 90)

(36, 2, 27, 45)

(24, 3, 18, 30)

(12, 6, 9, 15)

(8, 9, 6, 10)

(4, 18, 3, 5)

의 6조가 얻어진다. 이 중 네 수의 합이 최소가 되는 것은 마지막 (4, 18, 3, 5)의 조이며 c와 d의 곱은 15가 된다.

6으로 나누면 1이 남고, 8로 나누면 5가 남고, 13으로 나누면 10이 남는 정수 중에서 1000에 가장 가까운 정수를 구하라.

해설

1000에 가까운 적당한 정수를 상정하여 그것을 6, 8, 13으로 나눠 보아도 바라는 결과가 반드시 얻어지지는 않는다. 다소의 시행착오는 있다치더라도 구하는 수를 능률적으로 구하는 것이 중요하다.

해답

6으로 나누면 1이 남는 최소의 정수는 1이다. 이 때문에 1에 6씩 더한

1, 7, 13, 19, 25, 31, 37, 43, 49, …

는 모두 6으로 나누면 1이 남는 정수이다. 그래서 이들을 8로 나누고 그 나머지를 조사한다. 그러면

1, 7, 5, 3, 1, 7, 5, 3, 1, …

이 되어 나머지가 5가 되는 최소의 정수는 13이라고 알 수 있다. 여기서 6과 8을 소수의 곱으로 나타내면

$6=2\times3$, $8=2\times2\times2$

가 되므로, 6으로도 8로도 나눌 수 있는 최소의 정수는

$2\times2\times2\times3=24$

이다. 이 때문에 13에 24씩 더한

13, 37, 61, 85, 109, 133, 157, 181, 205, …

는 모두 6으로 나누면 1이 남고, 8로 나누면 5가 남는 정수이다. 그래서 이들을 13으로 나누고 그 나머지를 조사한다. 그러면

0, 11, 9, 7, 5, 3, 1, 12, 10, …

이 되어 9번째의 205를 13으로 나눴을 때, 가까스로 나머지가 10이 된다. 그러면 13은 소수이므로 여기에

$24\times13=312$

씩을 더한

205, 517, 829, 1141, 1453, …

도 모두 6으로 나누면 1이 남고, 8로 나누면 5가 남고, 13으로 나누면 10이 남는 수이다. 이 중에서 1000에 가장 가까운 정수는 1141이다.

3, 4, 5, 6, …, 12와 같이 연속된 정수가 쓰여 있는 카드가 10장이 있다. 그중에서 3의 배수를 적은 카드를 골라내어 그 수를 더하면 99가 된다. 또 2의 배수를 적은 수만을 더하면 170이 된다. 모든 카드 중에서 가장 작은 수는 얼마인가?

해설

어렵게 보이지만 그렇지는 않다. 카드의 매수가 10장이기 때문에 3의 배수를 적은 카드의 매수가 간단히 나온다.

해답

먼저 3의 배수를 적은 카드에 대해서 조사한다. 연속된 수에는 3의 배수가 3개마다 나오므로 연속된 10개의 정수에서 3의 배수를 빼내면 최소의 수가 3의 배수일 때는 4개, 그렇지 않을 때는 3개가 된다. 그러나 4개일 때는 4개 중에 짝수와 홀수가 2개씩 들어가므로 그 합은 언제나 짝수이다. 이 때문에 합이 99가 되는 것은 3개의 정수를 더했을 때뿐이다. 그러면 가운데 수는

$$99 \div 3 = 33$$

이 되므로 카드에 적힌 세 수는

30, 33, 36

이라고 결정된다.

그러면 30의 하나 아래의 27, 36의 하나 위의 39는 10장 중에 포함되지 않으므로 10장의 카드에 적힌 수는

28, 29, 30, …, 37
29, 30, 31, …, 38

의 어느 쪽이다. 그래서 각각에 포함되는 짝수를 더하면

$$28 + 30 + 32 + \cdots + 36 = 160$$
$$30 + 32 + 34 + \cdots + 38 = 170$$

이 되어 합이 170이 되는 것은 후자이다. 이리하여 10장의 카드에 적힌 최소의 수는 29로 결정된다.

분수 □에 $3\frac{7}{12}$을 곱해도 $6\frac{9}{20}$를 곱해도 그 곱은 정수가 된다. □에 해당하는 분수 중에서 가장 작은 분수를 구하라.

해설

□에 1개의 분수만을 곱하는 것이라면 그 분수를 가분수로 한 것의 역수를 취하는 것이 최소이다. 2개일 때는 그것을 응용하면 구할 수 있다.

해답

$3\frac{7}{12}$의 가분수는 $\frac{43}{12}$이므로 그 역수인 $\frac{12}{43}$에 $3\frac{7}{12}$을 곱하면 1이 된다. 이리하여 □에 $3\frac{7}{12}$을 곱하는 것뿐이라면 곱을 정수로 하는 최소의 분수는 $\frac{12}{43}$이다. 또, $6\frac{9}{20}$의 가분수는 $\frac{129}{20}$이므로 $6\frac{9}{20}$를 곱하는 것뿐이라면 최소의 분수는 $\frac{20}{129}$이다. 그런데 여기서는 □에 $3\frac{7}{12}$을 곱해도 $6\frac{9}{20}$를 곱해도 정수가 되어야 한다. 이 때문에 그 분수는 $\frac{12}{43}$와 $\frac{20}{129}$의 어느 것으로 나누어도 정수가 된다. 그래서 그 중의 최소의 분수를 찾는다.

먼저 구하는 분수의 분자를 생각하면 $\frac{12}{43}$와 $\frac{20}{129}$의 어느 쪽 분자의 배수로 되어 있지 않으면 이들로 나눴을 때 정수가 되지 않는다. 그것을 만족하는 최소의 정수는 12와 20의 최소공배수 60이다.

또 구하는 분수의 분모를 생각하면 $\frac{12}{43}$와 $\frac{20}{129}$의 어느 쪽 분모의 약수로 되어 있지 않으면 이들로 나눴을 때 정수가 되지 않는다.

그것을 만족하는 최대의 정수는 43과 129의 최대공약 수로서 129가 43으로 나눠지는 것에 주의하면 43이다. 이리하여 □에 들어가는 최소의 분수는 $\frac{60}{43}$이 된다.

4개의 정수 a, b, c, d 중 하나는 짝수, 다른 셋은 홀수이
다. 이들 중에서 둘씩의 합을 만들었더니

54, 63, 75, 86, 98, 107

이 되었다. 이때, 3개의 홀수의 합은 얼마인가? 또 4개의 정수
중에서 최대수와 최소수의 차는 얼마인가?

> **해설**
>
> 6종류의 합이 되어 있으므로 4개의 수는 모두 다른 정수이
> 다. 이 중 짝수는 몇 번째로 큰가를 먼저 생각한다.

해답

4개의 수를 큰 순으로 a, b, c, d라고 하면

a+b=107

c+d=54

는 분명하므로 4개의 수의 합은 161(=107+54)이다. 또 짝수는 1개이므로 2개의 수의 합이 짝수가 되는 것은 홀수와 홀수를 더했을 때이다. 이것에서 a나 b의 어느 쪽이 짝수가 되고 c와 d는 모두 홀수이다. 그런데 첫 번째로 큰 수와 세 번째로 큰 수의 합, 즉

a+c=98

도 분명하므로, 짝수는 b라고 결정된다. 그렇게 되면 합이 86이 되는 것은 홀수와 홀수를 더했을 때이므로

a+d=86

도 결정된다.

지금 a를 포함하는 3개의 합을 더하여

107+98+86=291

이라고 하면, 이것은 네 수의 합인 161과 a의 2배를 더한 것이 된다. 이것에서

a=(291-161)÷2=65

가 되어 b는 42(=107-65), c는 33(=98-65), d는 21(=86-65)이 된다. 이리하여 3개의 홀수의 합은

21+33+65=119

가 되어 최대수와 최소수의 차는

65-21=44

가 된다.

1에서 9까지의 사이에서 4개의 다른 수를 골라 이것을 배열하여 네 자리의 정수를 만든다. 그러면 이 배열을 바꾸면 24개의 수가 만들어진다. 이때, 작은 쪽으로부터의 두 번째 수는 5의 배수가 되고, 큰 쪽으로부터의 두 번째 수는 4로는 나눠지지 않는 짝수가 되었다. 또 작은 쪽으로부터 다섯 번째 수와 스무 번째 수의 차는 3000에서 4000 사이였다. 이때, 4자리 정수를 배열하여 만들어지는 최대의 정수는 얼마가 되는가?

해설

4개의 수 a, b, c, d로 작은 쪽에서부터 두 번째나 다섯 번째 수, 큰 쪽에서부터 두 번째 수 등을 만들어 본다. 그러면 a, b, c, d에 여러 가지 조건이 붙어서 생각하는 범위가 점차 한정되게 된다.

해답

고른 4개의 수를 작은 순으로 a, b, c, d라고 하면 작은 순으로 배열한 5개의 수는

abcd, abdc, acbd, acdb, adbc

이고 abdc가 5의 배수가 된다. 이것에서 c는 0이나 5의 어느 쪽인데, c는 1~9까지의 어느 하나이므로 c는 5라고 결정된다. 그러면 a와 b는 1에서 4까지의 어느 것의 두 수, d는 6에서 9까지의 어느 수이다.

다음에 큰 순으로 배열한 5개의 수는

dcba, dcab, dbca, dbac, dacb

로 dcab가 4로는 나눠지지 않는 짝수이다. 여기서 dcab를

dcab=100×dc+ab

라고 적으면 100×dc는 언제나 4로 나눠지기 때문에 아래 2자리의 ab가 4로는 나눠지지 않는 짝수이다. 그래서 a와 b를 1에서 4까지 사이에서 고르면 4로 나눠지지 않는 두 자리의 짝수는 14와 34의 2개이다. 이리하여 b는 4, a는 1이나 3이라고 결정된다.

작은 쪽에서부터 다섯 번째 수는 앞에서 보인 adbc이다. 또 작은 쪽에서부터 스무 번째 수는 큰 쪽에서부터 다섯 번째이므로 역시 앞에서 보인 dacb이다. 이리하여 스무 번째 수와 다섯 번째 수의 차는

dacb-adbc

이다. 이 차가 3000에 4000 사이에 들어가는 데는 d는 a보다 4만큼 큰 수가 되고, a가 1이면 c는 5, a가 3이면 d는 7이 된다. 그러나 c는 5이므로 d는 7로밖에 되지 못하여 최대의 정수는 7543으로 결정된다.

문제 10

여기에 그 이상은 약분할 수 없는 분수가 있다. 그 분수에 어떤 수를 더하여 약분하면 $\frac{7}{9}$이 되고, 분자에서 같은 수를 빼서 약분하면 $\frac{1}{2}$이 된다. 그 분수는 얼마인가? 또 분자에 더하거나 뺀 수는 얼마인가?

해설

어떻게 다루는가 하는 생각이 중요하다. 잘 생각하면 시행착오를 전혀 하지 않고 답을 금방 구할 수 있게 된다.

해답

먼저 분자에 어떤 수를 더하거나 빼는 것의 의미를 생각한다. 예를 들면, $\frac{5}{11}$의 분자에 2를 더하여 $\frac{7}{11}$로 하는 것은 $\frac{5}{11}$에 $\frac{2}{11}$를 더하는 것과 같다. 이때, 분모는 공통이기 때문에 그것을 생략하였다고 해석할 수 있다.

그래서 문제로 다시 돌아가서, 여기에서는 어떤 분수의 분자에 같은 수를 더하거나 빼거나 하고 있으므로 이것은 같은 분모를 가진 분수를 더하거나 빼거나 한 것과 마찬가지이다. 이 때문에 7/9과 1/2의 차는 더하거나 빼거나 한 분수의 2배가 되어 있을 것이다. 이것에서

$$\left(\frac{7}{9} - \frac{1}{2}\right) \div 2 = \frac{5}{36}$$

가 어떤 분수에 더하거나 빼거나 한 분수이다. 그래서 이것을 $\frac{7}{9}$에서

뺀 수와 $\frac{1}{2}$에 더한 수를 계산하면

$$\frac{7}{9} - \frac{5}{36} = \frac{23}{36}$$

$$\frac{1}{2} - \frac{5}{36} = \frac{23}{36}$$

가 되어 어느 것이나 같은 분수가 된다. 이 분수는 그 이상 약분할 수 없는 분수이므로 이것이 원래의 분수이며 분자에 더하거나 빼거나 한 수는 $\frac{5}{36}$의 분자에 있는 5이다.

　여기에 크기가 다른 2개의 각이 있고 그것을 더한 것은 30°이다. 한쪽 각을 도로 나타내면 □°가 되고, 다른 한쪽 각을 분으로 나타내면 □′가 된다. □ 속은 어느 것이나 대분수인데 똑같은 수가 되었다. □ 속에 들어가는 대분수는 얼마인가? 단, 1°는 60′이다.

해설

　재미있는 문제이다. 해법을 들면 간단하지만 그것을 생각해내는 것은 큰일이다. 미로에 빠져들 문제이므로 약간의 발상이 필요하다.

해답

적당하게 대분수를 상정하여 그 수를 '도'라고 생각한 각과 '분'이라고 생각한 각의 합이 꼭 30°가 되는 보증은 어디에도 없다. 더 정확한 방법이 필요하다.

구하는 답을 □°라고 하면 1°는 60′이므로, 그것을 분으로 나타낸 각은 □ 속을 60배 한 (□×60)′이다. 이 때문에 □을 '도'라고 생각한 각과 '분'이라고 생각한 각을 더한 것은 (□×60+□)′이다. 이것에서 2개의 각의 합은 (□×61)′이 된다. 이것이 꼭 30°가 되므로 이것도 분으로 나타내면 1800′이다. 이리하여

$$\square = 1800 \div 61 = 29\frac{31}{61}$$

이 된다. 답을 보면 아주 간단하다.

또한 이것이 답이 되는 것은

$$29\frac{31}{61} \times 60 + 29\frac{31}{61} = 1770\frac{30}{61} + 29\frac{31}{61} = 1800$$

에서 확실하다.

문제 12

1에서 시작하는 정수의 열 1, 2, 3, 4, … 중에서 하나 건너 취한 5개의 수(예를 들면 3에서 시작해서 3, 5, 7, 9, 11)를 Ⅰ조, 둘 건너 취한 5개의 수(예를 들면 8에서 시작해서 8, 11, 14, 17, 20)를 Ⅱ조라고 한다. 그리고 Ⅰ조와 Ⅱ조 중에 같은 수가 1개만 있을 때, 조건 A가 성립한다고 하고 그 같은 수를 a라고 나타낸다. 앞의 예에서는 조건 A가 성립하고 a=11이 된다.

조건 A가 성립하는 Ⅰ조와 Ⅱ조의 선정법은 몇 가지가 있는가? 'a=1일 때 두 가지'라는 식에서 a의 값으로 나눠서 답하라.

해설

여러 가지 경우를 치밀하게 조사하면 답이 나온다. 그러나 상당한 노력이 필요하며 간단하게 되지는 않는다.

해답

Ⅰ조는 p에서 시작되는 5개의 수 {p,q,r,s,t}로 하고, Ⅱ조는 P에서 시작되는 5개의 수 {P,Q,R,S,T}라고 한다. 그리고 Ⅰ조와 Ⅱ조의 어느 수가 같아지는가로 경우를 나눈다. 먼저 p와 P가 같은 수일 때 Ⅰ조의 수와 Ⅱ조의 수의 대응은

p•q•r•s•t

P• •Q• •R• •S• •T

가 된다. 여기에서 세로의 2개가 같은 수이고, •표는 그 수를 뛰어넘은 것을 의미한다. 그러면 이 대응에서는 S와 R도 같은 수가 되고 조건 A는 성립하지 않는다. 또 q와 S가 같은 수일 때는

　　　　p•q•r•s•t

P• •Q• •R• •S• •T

가 되어 같은 수가 되는 것은 q와 S뿐이다. 이 때문에 조건 A가 성립하고 a=q(또는 S)가 된다. 이것과 같은 방법으로 Ⅰ조와 Ⅱ조의 각 수를 순차적으로 같은 수로 해보면 어느 조합으로 조건 A가 성립되는지 알 수 있다. 여기에는 Ⅰ조와 Ⅱ조에 5개씩의 수가 있으므로 전부 25가지 조합을 조사할 필요가 있다. 〈표 1〉은 이

Ⅱ＼Ⅰ	p	q	r	s	t
P	×	×	○	○	○
Q	×	×	○	○	○
R	×	×	○	×	×
S	○	○	○	×	×
T	○	○	○	×	×

표 1

결과를 나타낸 것으로 조건이 성립될 때는 ○표, 성립되지 않을 때는 ×표를 했다. 예를 들면, 조건 A가 성립되지 않는 p(Ⅰ조)와 P(Ⅱ조)는 세로에 p의 열, 가로에 P의 행을 보면 그 교차점에 ×표가 있다.

다음에 조건 A가 성립되는 a의 선정법을 조사한다. 여기에 〈표 1〉의 ○표를 만족하는 최소의 수를 구하는 것이 좋다. 먼저 I조의 다섯 수를 최소로 하면

  p=1, q=3, r=5, s=7, t=9

이다. 이 때문에 r열과 P행의 교점은 P=5라고 하면 r=P=5가 된다. 마찬가지로 하여 s열과 P열의 교점과 S=P=7, t열과 P행의 교점은 t=P=9가 된다. 또 r열, s열, t열과 Q행의 각각의 교점도 r=Q=5, s=Q=7, t=Q=9이다. 그러나 다음 r열과 R행의 교점은 r=R=7밖에 안 된다. 이렇게 하여 그 밖의 조합도 조사하면 〈표 2〉가 얻어진다. 그래서 기입된 수가 최소의 조합인 것에 주의하여 a값마다 조건 A가 성립되는 것의 개수를 센다. 이것은 a 이하의 수가 〈표 2〉 중에 몇 개 포함되어 있는가를 생각하면 되므로

I II	p	q	r	s	t
P	×	×	5	7	9
Q	×	×	5	7	9
R	×	×	7	×	×
S	10	10	10	×	×
T	13	13	13	×	×

표 2

  a=1~4일 때   0
  a=5, 6일 때   2가지
  a=7, 8일 때   5가지
  a=9일 때   7가지
  a=10~12일 때   10가지
  a≥13일 때   13가지

가 된다.

2장

도형의 문제

문제 13

아래 그림에서 AB와 PQ, AC와 BP는 각각 수직이다.

　AQ : QB=PC : CB=1 : 2

일 때, △BRP의 면적은 △ARP의 면적의 몇 배인가? 또 AR : RC를 가장 간단한 정수비로 구하여라.

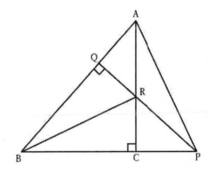

해설

AQ : QB와 PC : CB의 비를 여러 가지 삼각형의 면적비에 이용한다. AR : RC의 비도 삼각형의 면적비로 나타낼 수 있을 것이다.

해답

△RQA와 △RQB를 비교하면 밑변 QA와 밑변 QB의 길이의 비는 1 : 2이고, 높이 RQ는 공통이다. 이 때문에 면적의 비도 1 : 2이다. 또 △PQA와 △PQB를 비교하면 밑변 QA와 밑변 QB의 길이의 비는 1 : 2이고, 높이 PQ는 공통이다.

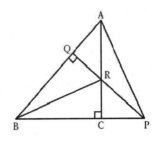

이 때문에 △PQA와 △PQB의 면적의 비도 1 : 2이다. 그리하여 △ARP는 △PQA에서 △RQA를 제외한 것, △BRP는 △PQB에서 △RQB를 제외한 것이므로 △ARP와 △BRP의 면적의 비도 1 : 2가 되어 △BRP의 면적은 △ARP의 면적의 2배가 된다.

다음에 △RCP와 △RCB를 비교하면 밑변 CP와 밑변 CB의 길이의 비는 1 : 2이고, 높이 RC는 공통이다. 이 때문에 면적의 비도 1 : 2이다. 그리하여 △BRP는 △RCP와 △RCB를 더한 것이므로 △RCP와 △BRP의 면적의 비는 1 : 3이다. 그런데 △BRP와 △ARP의 면적의 비는 2 : 1이므로 3개의 △RPC, △BRP, △ARP의 면적의 비는 2 : 6 : 3이 된다. 이리하여 △ARP와 △RPC의 면적의 비는 3 : 2인데 각각의 밑변을 AR, RC로 잡으면 높이 PC는 공통이므로 면적의 비는 밑변 AR과 밑변 RC의 높이의 비가 된다. 이것에서

AR : RC=3 : 2

이다.

꼭짓점 A의 각도가 30°인 △ABC가 있다. 이것을 〈그림 2〉와 같이 BE를 접는 선으로 접고, 다음에 〈그림 3〉과 같이 BD를 접는 선으로 접었더니 점 C가 BE의 위에 왔다. 이때 ㉠의 각도를 82°라고 하면 원래 삼각형의 B의 각도는 몇 도가 되는가?

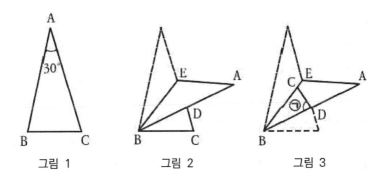

그림 1　　　　그림 2　　　　그림 3

해설

〈그림 3〉의 ∠CBD는 〈그림 1〉의 ∠ABC의 1/3이다. 이 때문에 이 각은 원래의 △ABC와 〈그림 3〉의 △CBD의 두 가지로부터 계산할 수 있다.

해답

오른쪽 그림과 같이 원래 삼각형의 2개의
꼭짓점을 A′, C′로 하고 이것도 그림에 그려
넣는다. 그러면 △CBD의 2개 ∠CBD, ∠
BCD의 합은 나머지 ∠BDC가 82°인 것과
삼각형의 3개의 각의 합이 180°인 것에서

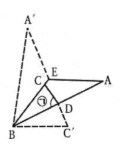

    180-82=98°

이다.

한편, 원래 △A′BC′에서는 꼭짓점 A의 각이 30°이기 때문에 나머
지 2개의 ∠A′BC′, ∠A′C′B의 합은

    180-30=150°

이다. 그런데 △CBD는 BD를 접는 선으로 △C′BD를 접은 것이므
로, ∠C와 ∠C′는 같은 것이다. 이 때문에 앞에서 계산한 98°와
150°에는 ∠C가 공통으로 포함되어 있다. 이 2개의 각의 차는

    150-98=52°

로 그림에서 알 수 있는 것같이 ∠A′BC′에서 ∠CBD를 뺀 것이다.
그런데 ∠CBD는 ∠A′BC′를 셋으로 접은 것이므로

    ∠A′BC=∠CBD=∠DBC′

이다. 이것에서

    ∠CBD=52÷2=26°

가 되어 원래의 △ABC의 ∠B는

    ∠B=26×3=78°

가 된다.

아래 그림의 직사각형 ABCD에는 점 O를 중심으로 한 반지름 10㎝의 원의 일부가 겹쳐 있다. 사선 부분의 면적과 그 주위의 길이를 구하여라. 단, 원주율은 3.14로 한다. 또 필요하면 세 변의 길이 비가 3 : 4 : 5인 삼각형은 직각삼각형이 되는 것을 이용한다.

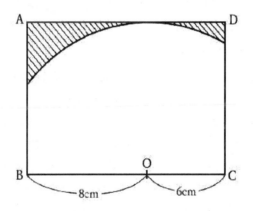

해설

왼쪽 사선부의 면적과 오른쪽 사선부 면적을 독립적으로 구하려고 하면 고등학생이라도 손을 댈 수 없다. 양쪽을 함께 구하는 것을 생각해야 한다.

해답

두 점 E, F를 그림과 같이 잡고 이것과 점 O를 연결한다. 그러면 두 변 OE, OF의 길이는 모두 원의 반지름인 10㎝이다. 이 때문에 직각 삼각형 OBE에서는

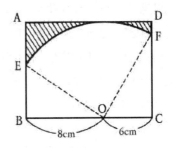

OB : OE=8 : 10=4 : 5

가 되어 변 BE도 더하면

BE : OB : OE=3 : 4 : 5

이다. 이것에서 변 BE의 길이는 6㎝이다. 또 직각삼각형 OCF에서는 OC : OF=6 : 10=3 : 5이므로 변 CF도 더하면 OC : CF : OF=3 : 4 : 5이다. 이것에서 변 CF의 길이는 8㎝가 되어 두 개의 직각삼각형 OBE, OCF는 같은 꼴이다. 그러면 ∠BEO와 ∠BOE의 합이 직각이기 때문에 ∠BOE와 ∠COF의 합도 직각이 되어 ∠EOF도 직각이다. 이 때문에 두 점 E, F를 연결하는 원호는 원주의 1/4이 되어 부채꼴 OEF의 면적은 78.5㎠(=3.14×10×10÷4)이다. 그러면 직사각형 ABCD의 면적은 140㎠, 두 개의 △OBE, △OCF의 면적의 합은 48㎠이므로 사선 부분의 면적은

140-48-78.5=13.5(㎠)

가 된다. 또 원호 EF의 길이는

(2×3.14×10)÷4=15.7(㎝)

이므로 사선 주위의 길이는

15.7+14+(10-6)+(10-8)=35.7(㎝)

가 된다.

아래 그림의 △ABE는 △ABC를 변 AB에 따라 뒤집은 것이고, △ADC는 △ABC를 변 AC에 따라 뒤집은 것이다. ∠㉠, ∠㉡, ∠㉢의 크기의 비가 28 : 5 : 3일 때, ∠㉣과 ∠㉤의 크기는 각각 얼마가 되는가?

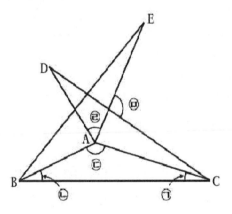

해설

3개의 ∠㉠, ∠㉡, ∠㉢의 크기는 금방 알 수 있다. 그러나 ∠㉣과 ∠㉤의 크기는 구하기 어렵게 보인다. 뒤집었다는 의미를 잘 생각해야 한다.

해답

먼저 △ABC의 3개의 ∠㉠, ∠
㉡, ∠㉢을 구한다. 이들 각의 비
는 28 : 5 : 3이므로 그 값을 더하
면

28+5+3=36

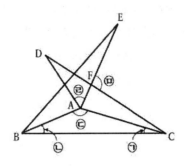

이다. 그러면 삼각형의 3개의 각
의 합계는 180°이기 때문에 각각
의 값을 5배(=180÷36)한 것이 각
도가 된다. 이리하여 3개의 각은

∠㉠=140°, ∠㉡=25°, ∠㉢=15°

이다.

다음에 ∠㉣를 구한다. 꼭짓점 A의 주위를 보면 3개의 ∠BAC, ∠
BAE, ∠DAC가 일주하는 것같이 그려져 있다. 이들 각은 어느 것이
나 같은 ㉠의 각이므로 그 합은 420°(=140×3)이다. ∠㉣은 일주에서
벗어난 각도이므로

∠㉣=420-360=60°

가 된다.

끝으로 △AFD를 생각하면 ∠A는 60°, ∠D는 25°이므로 나머지
∠AFD는

∠AFD=180-(60+25)=95°

이다. ∠AFD와 ∠㉤은 맞꼭지각이므로 ∠㉤도 95°가 된다.

문제 17

그림과 같이 정사각형의 각 변을 3등분한 점과 정사각형의 내부의 한 점을 연결하여 4개의 사각형 ㉠, ㉡, ㉢, ㉣과 4개의 삼각형 △A, △B, △C, △D를 만든다. 정사각형의 한 변의 길이를 12㎝라고 할 때, 4개의 △A, △B, △C, △D의 면적의 합은 얼마가 되는가?

또 3개의 사각형 ㉠, ㉡, ㉢의 면적의 합이 69㎠일 때 ㉡과 ㉣부분의 면적은 각각 얼마가 되는가?

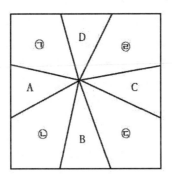

해설

정사각형 내부의 점은 멋대로의 한 점이다. 그래도 4개의 삼각형의 면적의 합은 구할 수 있다. 또 4개의 사각형의 면적의 합도 구해질 것이다.

해답

그림과 같이 서로 마주 보는 2개의 △
A, △C를 따낸다. 이들의 삼각형의 밑변을
정사각형의 변과 일치시키면 그 길이는 4
㎝(=12÷3)이다. 또 직각삼각형의 높이는
모르지만 2개의 높이의 합은 12㎝이므로
이 2개 삼각형의 면적의 합은 24㎠
(=4×12÷2)이다. 그러면 똑같은 이유로 2
개의 △B, △D의 면적의 합도 24㎠가 되

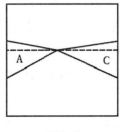

그림 1

어 4개의 △A, △B, △C, △D의 면적의 합은 48㎠이다.

다음에 〈그림 2〉와 같이 ⓒ과 ⓔ의 사각
형을 2개씩의 삼각형으로 나눈다. 그러면
앞에서와 똑같은 이유로 맞댄 2개의 삼각
형(〈그림 2〉의 ①과 ②, ③과 ④의 2조)의 면
적의 합은 모두 24㎠이다. 이 때문에 ⓒ과
ⓔ의 2개의 사각형의 면적의 합은 48㎠가
되어 4개의 사각형 ⓐ, ⓒ, ⓓ, ⓔ의 면적
의 합은 그 2배인 96㎠(=48×2)가 된다.

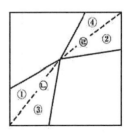

그림 2

그런데 3개의 사각형 ⓐ, ⓒ, ⓓ의 면적의 합은 69㎠이므로 나머지
사각형 ⓔ의 면적은 27㎠(=96-69)가 된다. 그러면 2개의 사각형 ⓒ과
ⓔ의 면적의 합이 48㎠이므로 사각형 ⓒ의 면적은 21㎠이다.

아래 그림의 사각형 BCDE는 직사각형으로 두 변의 길이의
비는 BC : CD=1 : 2이다. 또 △ABE는 ∠BAE가 90°인 직각삼
각형으로 다른 2개의 각도 그림과 같다.
변 AC와 변 BE의 교점을 F라고 하면 ∠AFE의 크기는?

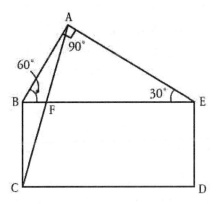

해설

BC : CD=1 : 2의 관계를 어디에 이용하는가가 문제이다.
이것에서 변 BE의 길이가 변 AB의 길이의 몇 배가 되는
가를 조사해 둘 필요가 있다.

해답

∠EAM이 30°가 되도록 점 M을 변 BE상에 잡는다. 그러면 ∠AEM도 30° 이므로 △MAE는 이등변삼각형이다. 이것에서

AM=EM

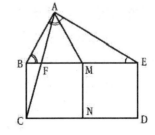

이다. 또 ∠BAE는 90°이므로 ∠BAM 은 60°(=90-30)이다. 그러면 ∠ABM이 60°이기 때문에 ∠AMB도 60°(=180-60×2)가 되어 △MBA는 정삼각형이다. 이것에서

AB=BM=AM=EM

이 되어 점 M은 변 BE의 중점이 된다.

지금 변 CD의 중점을 N이라고 하면

BC : CD = I??? : 2

이므로 □BCNM은 정사각형이다. 이리하여 △ABM은 정삼각형, □ BCNM은 정사각형이 되어

AB=BM=BC

이다. 이것에서 △BAC는 이등변삼각형이 되어 ∠BAC와 ∠BCA는 같 아진다. 그런데 ∠ABC는 150°(=90+60)이므로 ∠BAC는

(180-150)÷2=15°

이다. 이것에서 ∠FAM은 45°(=60-15)가 되어 ∠AFM은

180-(45+60)=75°

가 된다.

문제 19

〈그림 1〉과 같이 ∠C가 직각인 직각삼각형 ABC가 있고 세 변 AB, BC, CA의 길이는 각각 5㎝, 4㎝, 3㎝이다. 이 직각삼각형을 먼저 변 AC가 변 AB에 겹치도록 접고(그림 2), 다음에 변 DB가 변 DC에 겹치도록 접는다(그림 3).

그러면 〈그림 3〉의 △BEC의 면적은 원래의 직각삼각형 ABC의 몇 분의 몇이 되는가?

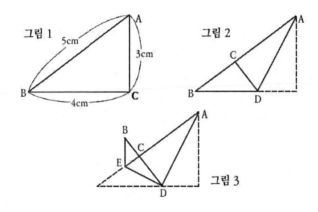

해설

먼저 처음의 △ABC와 〈그림 2〉의 △CBD의 면적을 비교하고 다음에 △CBD와 〈그림 3〉의 △BEC의 면적을 비교한다.

해답

〈그림 2〉에서 △ACD와 △CBD를 비교
하면 높이는 같고 밑변의 길이는

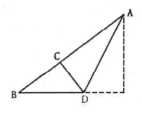

AC=3㎝

CB=AB-AC=2㎝

이기 때문에 면적의 비는 3 : 2이다. 그러면
원래의 △ABC는 2개의 △ACD와 △CBD

그림 2

를 더한 것이므로 △CBD와 △ABC의 면적의 비는 2 : 8(=1 : 4)이다.
더욱이 이 2개의 삼각형은 ∠B가 공통, ∠C가 직각이므로 닮은꼴이
다. 이것과 △CBD의 면적이 △ABC의 면적의 1/4인 것에 주의하면
△CBD의 각 변의 길이는 △ABC의 각 변의 길이의 1/2이 된다.

〈그림 3〉에서 △DEC와 △BEC의 면적
을 비교하면 높이는 같고 밑변의 길이는

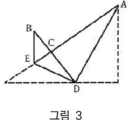

CD=1.5㎝

BC-BD-CD=1㎝

이므로, 면적의 비는 3 : 2가 된다. 그러면
△DEC 2개와 △BEC를 더한 것이 〈그림

그림 3

2〉의 △CBD이므로 △BEC와 △CBD의
면적의 비는 1 : 4이다. 이리하여 △BEC의 면적은 최초의 △ABC 면
적의 1/16이 된다.

　아래 그림의 직사각형 ABCD의 변 AD, AB, BC의 중점을 각각 E, F, G로 하고 FC와 AG, EG와의 교점을 각각 P, Q라고 한다.

　이때 PQ : FC는 얼마가 되는가? 가장 간단한 정수비로 나타내어라.

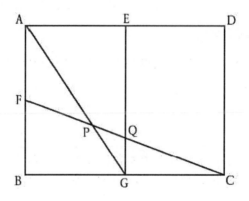

해설

크기는 달라도 같은 모양의 닮은 삼각형이 몇 조 있다. 그것들에 주의하면 답은 뜻밖에 간단하게 구할 수 있다.

해답

△FBC와 △QGC에 주목한
다. 그러면 두 점 E, G는 각각
변 AD, 변 BC의 중점이므로
AB와 EG는 평행이다. 이 때문
에 이 2개의 삼각형은 닮은꼴이
되어

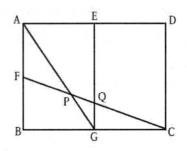

BC : GC=FB : QG

이다. BC는 GC의 2배이므로 FB도 QG의 2배가 된다. 또 FC는 QC
의 2배이므로

FQ=QC

이다.

다음에 △PFA와 △PQG에 주목한다. 그러면 AB와 EG가 평행이므
로 이 2개의 삼각형도 닮은꼴이다. 이 때문에

FA : QG=PF : PQ

이다. 그런데 점 F는 변 AB의 중점이므로

FA=FB

이다. 이것에서 FA도 QG의 2배가 되어 PF는 PQ의 2배이다. 그러면
PF와 PQ를 합친 FQ는 PQ의 3배이다. 그런데 FQ=QC이므로 FC는
PQ의 6배가 된다. 이리하여

PQ : FC=1 : 6

이다.

문제 21

아래 그림에서 △ABC와 △ECD는 합동으로 정삼각형이다.
이때, △ABF와 합동 또는 닮은 삼각형은 전부 몇 개나 있는
가?(단, △ABF는 포함하지 않는다) 또 △ABC와 △FBD의 면적의
비는 얼마인가?

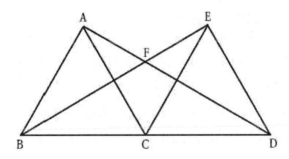

해설

△ABF에는 특징이 있다. 그것을 찾아내어라. 또 △ACE를
생각하면 △ABC와 △FBD의 면적의 비를 생각해 내기 쉽
게 된다.

해답

점 A와 점 E, 점 F와 점 C 를 각각 연결하고 세 점 G, H, I를 그림과 같이 잡는다. 그러 면 CA=CE이기 때문에 △CAE 는 이등변삼각형이다. 더욱이 ∠BCA와 ∠ECD는 60°이므로

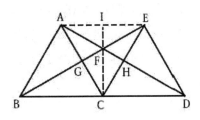

∠ACE도 60°가 되며 △CAE는 정삼각형이다. 이리하여 □ABCE와 □ACDE는 마름모꼴이 되어 2개의 대각선으로 갈라진 4개씩의 삼각 형은 합동이다. 이 속에 실선의 삼각형이

△BGA, △BGC, △EGC, △AHC, △DHE, △DHC

의 6개가 있다. 여기서 ∠CAH는 30°(∠CAE의 1/2), ∠BAF는 90°(∠ BAC와 ∠CAH의 합)에 주의하면 △ABF의 3개의 각은 90°, 30°, 60° 이다. 그래서 이것과 같은 각을 가진 삼각형을 다른 데서 찾으면 5개 의 삼각형 △AGF, △EHF, △DAB, △BED, △DEF를 찾을 수 있다. 이리하여 △ABF와 합동 또는 닮은 삼각형은 11개가 된다.

다음에 3개의 사각형 □FGCH, □FHEI, □FIAG는 합동이므로 그 면적은 정삼각형 CAE의 면적의 1/3이다. 또 △GBC와 △HCD는 어 느 것이나 정삼각형의 1/2이므로 △FBD의 면적은 정삼각형 ABC의 면적의 4/3배이다. 이 때문에 정삼각형 ABC와 △FBD 면적의 비는 3 : 4가 된다.

아래 그림과 같이 사다리꼴 ABCD가 있다. AD의 길이는 5
㎝이며 BC의 길이는 30㎝이다. 또 대각선 AC와 BD는 수직으
로 교차되어 있어서 AC의 길이는 28㎝, BD의 길이는 21㎝이
다. 이때 사다리꼴 ABCD의 높이 AH는 몇 ㎝가 되는가?

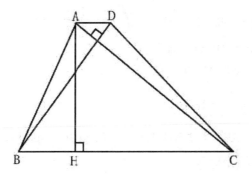

해설

이 그림 속에는 몇 조인가의 닮은꼴이 포함되어 있다. 그 중
의 하나를 이용하여 △ABC의 면적을 두 가지로 계산한다.

해답

그림과 같이 AC와 BD의 교점을 M이라고 한다. 이렇게 하면 △MBC와 △MDA는 크기는 달라도 모양이 같은 닮은꼴이다. 그 때문에

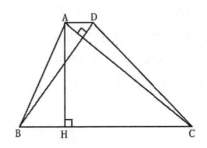

AD : CB=5 : 30=DM : MB

가 되어 MB는 DM의 6배이다. 그런데 DM과 MB의 합은 21cm이므로

$$MB=21 \times \frac{6}{6+1} = 18(cm)$$

이다. 이때 △ABC의 면적은 밑변을 AC, 높이를 MB라고 하면

(28×18)÷2=252(cm²)

이다. 그런데 △ABC의 면적은 밑변을 BC, 높이를 AH로서도 계산할 수 있다. 이때는

(30×AH)÷2=252(cm²)

가 되므로 높이 AH는

AH=(252÷30)×2=16.8(cm)

가 된다.

문제 23

사다리꼴 ABCD의 높이 AB는 10㎝이다. 이것을 아래 그림과 같이 5개 부분으로 나눴더니 ①의 부분의 면적은 6.3㎠, ②의 부분의 면적은 14.7㎠가 되었다. ④, ⑤ 부분의 면적은 각각 몇 ㎠가 되는가?

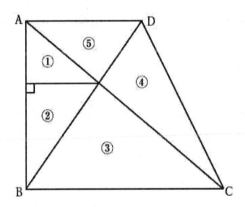

해설

이것만으로는 조건이 불충분한 것 같다. 그러나 변 AB가 높이인 것에서 닮은 삼각형이 몇 조가 생겨서 ④와 ⑤의 부분의 면적도 구할 수 있게 된다.

그림과 같이 ①과 ②를 구분하는 선을 EF라고 하면 ①과 ②의 면적은 각각 EF×AE÷2, EF×EB÷2이므로 ①+②의 면적은 EF×AB÷2이다. 이 값이 21㎠(=6.3+14.7)이므로 EF는 4.2㎝가 되어

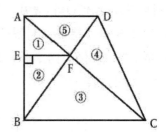

AE=6.3÷4.2×2=3(㎝)

EB=14.7÷4.2×2=7(㎝)

이다.

다음에 △BEF와 △BAD를 생각하면 AD와 EF가 평행이기 때문에 크기는 달라도 2개는 같은 모양의 닮은꼴이다. 이 때문에 BE : BA=EF : AD가 되어 변 AD의 길이는

AD=4.2×(10÷7)=6(㎝)

가 된다. 또, △AEF와 △ABC를 생각하면 AE : AB=EF : BC가 되어 변 BC의 길이는

BC=4.2×(10÷3)=14(㎝)

이다. 이것에서 ③과 ⑤의 면적은

③=(14×7)÷2=49(㎠), ⑤=(6×3)÷2=9(㎠)

가 된다. 그러면 사다리꼴 ABCD의 면적은

(6+14)×10÷2=100(㎠)

이므로 ④의 면적은

④=100-(①+②+③+⑤)=21(㎠)

라고 계산된다.

문제 24

A, B, C, D를 꼭짓점으로 하는 정사각형의 색종이를 〈그림 1〉과 같이 반으로 접고 그것을 펼쳤을 때의 접은 선을 EF라고 한다. 다음에 〈그림 2〉와 같이 꼭짓점 C를 지나는 직선을 접는 선으로 하여 점 B가 직선 EF상에 오도록 접는다. 점 A와 점 B를 연결하면 x의 각은 몇 도가 되는가?

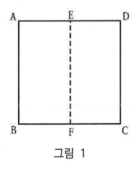

그림 1

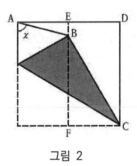

그림 2

해설

x의 각도를 단번에 구할 수는 없다. 먼저 접어진 삼각형 (BC가 그 한 변)의 3개의 각을 조사한다. 이것에서 x의 각도를 구하는 힌트가 얻어진다.

해답

그림 A처럼 접기 전의 정사각형을 AB′CD라고 하고 이것을 변 AB′상의 점 G로 접었다고 하자. 또 두 변 GB, CD를 각각 연장하여 그 교점을 H라고 하자. 또 점 B를 지나 변 AD에 평행선을 긋고 변 AB′와의 교점을 K, 변 DC와의 교점을 L이라고 하자.

먼저 ∠HGC와 ∠HCG를 비교한다. △GBC는 △GB′C를 변 GC에 따라 접은 것이므로

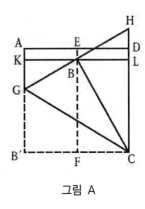

그림 A

$$∠HGC=∠B′GC$$

이다. 또 변 AB′와 변 DC는 정사각형의 마주 보는 두 변이므로 평행이다. 이 때문에

$$∠B′GC=∠HCG$$

가 되어 바로 위의 식과 맞추면

$$∠HGC=∠HCG$$

이다.

다음에 △KGB와 △LHB를 비교한다. EF는 변 AB′를 변 DC에 겹쳤을 때의 접은 선이므로

$$KB=BL$$

이다. 또 변 KL은 변 AD에 평행으로 그었기 때문에

$$∠GKB=∠HLB=90°$$

이다. 또 ∠KBG와 ∠LBH는 맞꼭지각이기 때문에

∠KBG=∠LBH

이다. 이리하여 2개의 삼각형 △KGB, △LHB의 대응하는 한 변과 그 양단의 각은 같게 되어 이 2개의 삼각형은 합동이다. 그러면 대응하는 두 변의 길이는 같으므로

GB=HB

이다.

다음에 그림 A에서 변 KL을 지우고 두 변 BA, BD를 더하여 〈그림 B〉처럼 한다. 그리고 ∠BDC를 y로 나타낸다. 그러면 변 EF는 변 AB′와 변 DC를 겹친 접은 선이므로, ∠x=∠y이다. 이하에서는 ∠y에 대해서 생각한다.

그림 B

△GBC는 △GB′C를 접은 것이므로

∠GBC=∠GB′C=90°

이다. 이 때문에 △GBC는 직각삼각형이 되어 △HBC도 직각삼각형이다. 그런데 이 두 개의 삼각형의 변 BC는 공통이고 변 GB와 변 HB는 같은 길이이다. 이 때문에 두 개의 직각삼각형은 합동인 도형이 되어

∠HGC=∠GHC

이다. 그러면 ∠HGC는 ∠HCG와도 같기 때문에 △HGC는 정삼각형이 된다. 이 때문에 ∠HCG는 60°가 되어 그 1/2인 ∠HCB는 30°이다. 그런데 이것을 꼭지각으로 하는 △CBD는 CB=CD에서 이등변삼각형이다. 이 때문에

∠DBC=∠BDC

가 되어 꼭지각 BCD가 30°이기 때문에 밑각은

∠DBC=∠BDC=(180-30)÷2=75°

이다. 이리하여 ∠x도 75°가 된다.

3장

규칙성의 문제

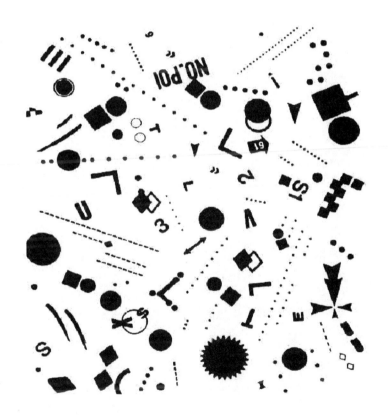

3장 규칙성의 문제   65

문제 25

많은 카드가 있어 앞쪽에는 아래와 같이 기입하고, 뒤쪽에는 앞쪽 계산의 답을 대분수로 하였을 때의 진분수가 기입되어 있다. 예를 들면 두 번째 카드의 앞쪽에는 $2\frac{3}{4} \times 2$이므로 뒤쪽은 $5\frac{1}{2} \times 2 = 5\frac{1}{2}$이므로 $\frac{1}{2}$이다. 이때 1,990번째까지 카드 뒤쪽에 있는 수의 합은 얼마인가? 또 1990번째까지 카드 중에서 짝수 번째 카드에 있는 수의 합과 홀수 번째 카드에 있는 수의 합은 어느 쪽이 더 큰가?

1	2	3	4
$1\frac{3}{4} \times 1$	$2\frac{3}{4} \times 2$	$3\frac{3}{4} \times 3$	$4\frac{3}{4} \times 4$

해설

보기보다 쉽다. 분수의 성질을 조사해 보면 카드 뒤쪽에 있는 진분수의 규칙성을 알아낼 수 있다.

해답

정수의 정수배는 정수이므로 대분수의 정수배도, 그 진분수의 정수배도, 답 속의 진분수는 같다. 그래서 $\frac{3}{4}$을 순차적으로 1배, 2배, 3배 등으로 하고, 그 속의 진분수를 생각한다. 그러면 $\frac{3}{4}$의 4배는 정수이므로 $\frac{3}{4}$의 5배와 1배, 6배와 2배, 7배와 3배 등의 진분수는 어느 것이나 같게 되고, 카드 뒤쪽의 진분수는 $\frac{3}{4}$의 1배, 2배, 3배, 4배의 진분수를 순회시킨 $\frac{3}{4}$, $\frac{2}{4}$, $\frac{1}{4}$, $\frac{0}{4}$이 된다. 이리하여 이들을 1,990개까지 더한 합이 최초의 답이다. 그런데 1990을 4로 나누면

  $1990 \div 4 = 497$ …… 나머지 2

이므로 그 합은 $(\frac{3}{4} + \frac{2}{4} + \frac{1}{4} + 0)$의 497배로, 나머지

$(\frac{3}{4} + \frac{2}{4})$를 더한 것이다. 이 값을 계산하면 $746\frac{3}{4}$이 된다.

다음에 홀수 번째 수의 합과 짝수 번째 수의 합과의 차는 처음의 4개가 $(\frac{3}{4} - \frac{2}{4} + \frac{1}{4} - 0)$이므로 이것의 497배에 나머지 $(\frac{3}{4} - \frac{2}{4})$를 더한 것이다. 이 값을 계산하면 홀수 번째 수의 합이 $248\frac{3}{4}$만큼 크다는 것이 된다.

문제 26

한 변의 길이가 2㎝인 정삼각형 타일이 91장 있고 이것을 사용하여 도형을 만든다. 아래의 (1), (2), (3)에 답하라. 단, 2장 이상 사용할 때는 틈이 없도록 배치하는 것으로 한다.

(1) 크기가 다른 정삼각형을 가급적 많이 만들면 전부 몇 종류나 생기는가?

(2) 한 변의 길이가 8㎝인 마름모꼴은 몇 개 생기는가? 또 그 때 몇 장의 타일이 남는가?

(3) 한 변의 길이가 68㎝인 정삼각형을 만드는 데는 나머지 몇 장의 타일이 더 필요한가?

해설

정삼각형을 만드는 데는 몇 장의 타일이 필요한가를 생각한다. 그러면 한 변의 길이가 달라도 타일 매수에 극히 간단한 규칙이 있다는 것을 알 수 있게 된다.

68

먼저 한 변의 길이가 타일의 2배, 3배인 정 삼각형은 몇 장의 타일로 만들 수 있는가를 조 사한다. 그러면 그림과 같이 한 변의 길이가 2 배이면 4장, 3배이면 9장이 된다. 이것에서 변 이 4배이면 16장, 5배이면 25장이 되어 한 변 의 길이의 제곱배로 증가하는 것을 알게 된다.

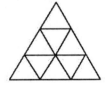

그래서 91장의 타일에서 크기가 다른 정삼 각형이 몇 종류나 만들어지는가 생각한다. 이 것에는 가급적 작은 정삼각형을 만들면 되므로 아래로부터 순차적으로 1, 4, 9, … 로 제곱수를 더해 본다. 그러면

 1+4+9+16+25+36=91

이 되어, 91장의 타일로 꼭 6종류의 정삼각형을 만들 수 있다. 다음 에 한 변의 길이가 8㎝인 마름모꼴을 생각한다. 이것은 한 변이 타일 의 4배(=8÷2)인 정삼각형을 2개 연결한 것이므로, 1개의 마름모꼴을 만드는 데에 32장(=16×2)의 타일이 필요하다. 그러면

 91÷32=2 …… 나머지 27

에서 2개의 마름모꼴을 만들 수 있고 27장의 타일이 남는다.

 끝으로 한 변의 길이가 68㎝인 정삼각형을 생각한다. 이 한 변은 타일 한 변의 34배(=68÷2)이므로 전부는

 34×34=1,156(장)

의 타일이 필요하다. 그러나 여기서는 91장밖에 없으므로 나머지 1,065장(=1156-91)의 타일이 필요하다.

그림과 같이 괄호가 배열되어 있다. 화살표 순으로 2개의 수를 어떤 규칙에 따라서 기입한 것이다. 예를 들면 $\binom{2}{3}$는 8번째 괄호이다. $\binom{3}{4}$은 몇 번째 괄호인가? 또 128번째 괄호 속에는 어떤 2개의 수가 기입되어 있는가?

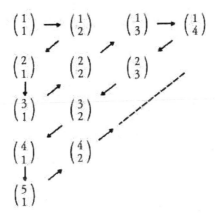

해설

어떤 규칙으로 2개의 수를 기입하였는가는 간단하게 알 수 있다. 그러나 주의 깊게 조사하지 않으면 128번째 괄호에 기입된 수를 알아낼 수 없다.

해답

괄호 속의 수는 화살표 방향을 무시하면 위의 수는 괄호가 몇 행째 있는가를 나타내며, 아래의 수는 몇 열째에 있는가를 나타낸다. 또 비스듬한 화살표는 상하의 수의 합이 같은 방향이 되는 방향이다. 이때 합이 홀수이면 오른쪽 위에서 왼쪽 아래로, 짝수이면 왼쪽 아래에서 오른쪽 위로 향하고 있다.

그럼, $\binom{3}{4}$을 보면 상하의 수의 합은 홀수인 7이다. 이 때문에 오른쪽 위에서 왼쪽 아래로 향하는 화살표로, 위에서 3행째에 있다. 더욱이 그 이전의 5개 화살표로

$$1+2+3+4+5=15(개)$$

의 괄호를 통과하고 있다. 이 때문에 1부터 순차적으로 더해 본다. 그러면

$$1+2+3+\cdots+15=120$$
$$1+2+3+\cdots+16=136$$

이 되므로, 128번째는 이 사이에 들어간다. 지금 괄호 속의 상하의 수를 더하면 1개째(왼쪽 구석)는 2, 2개째는 3, 3개째는 4가 되어 화살표의 개수보다 1만큼 많아진다. 이 때문에 16개의 비스듬한 화살표 위에 있는 괄호에서는 상하의 수의 합은 17이다. 이것은 홀수이므로 오른쪽 위에서 왼쪽 아래로 향하는 화살표이며 128이 120보다 8만큼 크기 때문에 위에서 8행째의 괄호가 된다. 이리하여 128번째의 괄호 위의 수는 8, 아래의 수는 9(=17-8)가 되어 $\binom{8}{9}$이라고 결정된다.

문제 28

 한 변의 길이가 1㎝인 정육면체를 아래 그림과 같이 층층이 겹쳐간다. 7단을 겹치는 데에는 몇 개의 정육면체가 필요한가? 또 이때의 입체의 표면적은 얼마인가?

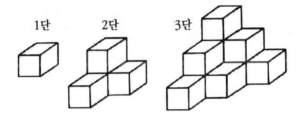

해설

 몇 개의 정육면체가 필요한가는 간단한 계산으로 나온다. 그러나 그 입체의 표면적을 구하는 데는 주의 깊은 관찰이 필요하다. 그것으로 계산을 거의 필요로 하지 않는 멋진 방법이 나오기 때문이다.

해답

7단으로 겹쳤을 때, 각 단의 정육면체의 개수가 어떻게 증가하는가를 조사한다. 먼저, 1단째는 1개, 2단째는 그것에 2개를 더한 3개, 3단째는 그것에 3개를 더한 6개가 되어, 어느 단의 정육면체의 개수도 바로 윗단의 정육면체의 개수에 그 단의 단수를 더하면 나오는 것을 알게 된다. 이 때문에 7단째까지의 각 단의 정육면체의 개수는 1, 2, 3, …, 7을 순차적으로 더하면

1개, 3개, 6개, 10개, 15개, 21개, 28개

가 된다. 이 때문에 이들을 더하여

1+3+6+…+28=84(개)

로 하면 이 입체에 사용되는 정육면체의 개수가 나온다.

다음에 표면적을 조사한다. 이 입체를 밑면에서 올려다보면 7단째는 28개의 정사각형이 배열되어 있다. 이 때문에 밑면의 표면적은 28㎠이다. 또, 왼쪽 면과 뒷면에서 보면 그 모양은 밑면과 같다. 그런데 주의 깊게 관찰하면 이 입체를 정면에서 보아도 왼쪽 면에서 보아도 바로 위에서 내려다보아도 밑면과 똑같은 모양이 되어 있다. 이 때문에 정면, 좌우의 측면, 뒷면, 윗면, 밑면의 여섯의 어느 면으로부터 보아도 같은 모양이 되어 합계의 표면적은

28×6=168(㎠)

가 된다.

0에서 9까지의 숫자를 1개씩 적은 카드가 많이 있다. 이 카드를 짝지어 정수를 만들어 아래와 같이 1에서부터 순차적으로 배열하여 간다. 어떤 수까지 만들었더니 카드를 전부 2,989장 사용하였다. 이 수는 얼마인가? 이때 $\boxed{1}$의 카드는 몇 장 사용하였는가?

$$\boxed{1} , \boxed{2} , \boxed{3} , \cdots\cdots , \boxed{9} , \boxed{1}\boxed{0} , \boxed{1}\boxed{1} , \cdots\cdots$$

> **해설**
>
> 어떤 수가 몇 개인가는 신중히 조사하면 알 수 있다. 그러나 $\boxed{1}$의 카드를 몇 장 사용하였는가는 계획을 세워서 생각하지 않으면 중복이나 누락이 생긴다.

해답

한 자리의 수는 1에서 9까지이며 필요한 카드는 9장이다. 두 자리의 수는 10에서 99까지이고 1개의 수가 2장씩인 카드를 사용하기 때문에 필요한 카드는

(99-9)×2=180(장)

이다. 세 자릿수는 100에서 999까지이고 1개씩의 수가 3장씩인 카드를 사용하기 때문에 필요한 카드는

(999-99)×3=2,700(장)

이다. 지금까지의 합계는

9+180+2700=2,889(장)

이다. 이 때문에 나머지 100장(=2989-2889=100)으로 4자리를 만들게 되는데, 1개의 수가 4장씩의 카드를 사용하기 때문에 만들 수 있는 수는 25개(=100÷4)이다. 그러면 처음이 1000이므로 마지막 수는 1024가 된다.

다음에 1의 카드를 셈한다. 먼저, 한 자리의 수를 보면 처음이 1이고, 그 뒤는 10개마다 나온다. 이 때문에 1024를 10으로 나누고 나머지를 끝올림하면 103장이 된다. 십의 자리의 1은 100장에 10장씩 나온다. 처음의 1이 10장째이므로 1024를 100으로 나누고 나머지를 끝올림한 11회가 10장씩의 일단을 만나는 횟수이다. 이 때문에 10을 11배한 110장이다. 백의 자리의 1은 1,000장에 100장씩 나온다. 그런데 최대수가 1024이므로 1000 이상의 수에는 없다. 이 때문에 꼭 100장이다. 천의 자리는 25개의 수의 모두가 1이므로 25장이다. 이리하여 합계는

103+110+100+25=338(장)

이 된다.

문제 30

〈그림 1〉의 마름모꼴을 몇 장 짜 맞추어 〈그림 2〉와 같이 큰 마름모꼴을 만든다. 〈그림 1〉의 마름모꼴의 긴 쪽의 대각선 길이를 8㎝, 짧은 쪽 대각선 길이를 6㎝라고 할 때, 긴 쪽의 대각선이 80㎝인 마름모꼴을 만드는 데는 〈그림 1〉의 마름모꼴이 몇 장 필요한가? 또 만들어진 마름모꼴의 면적이 1,944 ㎠가 될 때 주위 길이는 몇 ㎝인가?

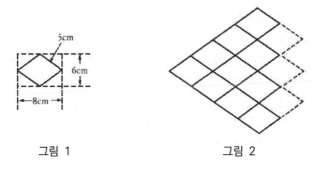

그림 1   그림 2

해설

두 번째 문제에서는 〈그림 1〉의 마름모꼴의 면적을 구하는 것이 필요하다. 이것에서 1,944㎠의 면적을 가진 마름모꼴의 면적의 몇 배가 되는지 알게 된다.

해답

작은 마름모꼴이 긴 쪽 대각선은 8㎝이므로, 이것을 짝 맞추어 긴 쪽 대각선이 80㎝인 마름모꼴의 만들려고 하면 대각선의 길이는 10배(=80÷8)가 된다. 그러면 한 변의 길이도 10배가 되므로 작은 마름모꼴은 전부

$$10 \times 10 = 100(장)$$

필요하게 된다.

다음에 면적이 1,944㎠인 마름모꼴을 생각하기 위해서, 먼저 작은 마름모꼴의 면적을 구한다. 〈그림 A〉를 보면 마름모꼴을 둘러싸는 직사각형의 면적은 48㎠(=6×8)이다. 그런데 이것을 가로, 세로, 십자로 자르면 마름모꼴을 둘러싸는 바깥쪽의 4개의 직각삼

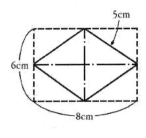

그림 A

각형과 같은 것이 마름모꼴의 내부에도 4개가 만들어진다. 이 때문에 〈그림 A〉의 마름모꼴의 내부와 외부는 같은 면적이 되어 〈그림 A〉의 마름모꼴의 면적은

$$48 \div 2 = 24(㎠)$$

가 된다. 그러면 면적이 1944㎠인 마름모꼴은 〈그림 A〉의 마름모꼴의 81배(=1944÷24)가 되어 큰 마름모꼴 한 변의 길이는 9×9=81에서 〈그림 A〉의 마름모꼴의 한 변의 9배가 된다. 그런데 〈그림 A〉의 마름모꼴 주위 길이는

$$5 \times 4 = 20(㎝)$$

이므로 큰 마름모꼴의 주위는

$$20 \times 9 = 180(㎝)$$

가 된다.

문제 31

숫자가 그림과 같이 배열되어 있다. 위에서 제1행, 제2행, 제3행, … 이라고 하자. 중앙의 점선으로 둘러싸인 열은 위에서부터 1, 5, 13, 25, …로 배열되어 있는데 위에서 10번째의 수는 몇인가? 또 수 200은 몇 행의 왼쪽에서 몇 번째가 되는가?

```
                    ┌ 1 ┐······················ 제1행
               2    │   │ 3 ····················· 제2행
            6  │ 5  │ 4 ················· 제3행
         7  8  │    │ 9  10 ·············· 제4행
      15 14    │13 │ 12 11 ············ 제5행
      16 17 18 │    │ 19 20 21 ·········· 제6행
   28 27 26    │25 │ 24 23 22 ········ 제7행
      ·  ·  ·  ·  │   │  ·  ·  ·  ·   ·
         ·  ·  ·  ·  │  │·  ·  ·  ·   ·
            ·  ·  ·  ·  │  │ ·  ·  ·  ·   ·
```

해설

숫자는 좌우로 구절양장(九折羊腸)이 되면서 아래로 향해 나아간다. 이 특징을 잘 이용한다.

해답

중앙에 숫자가 있는 것은 제1행, 제3행, 제5행과 같은 홀수행이다. 이 때문에 중앙의 열 위에서 10번째의 숫자는 행으로 말하면

$10 \times 2 - 1 = 19$(행째)

에 있다. 또, 각 행에 있는 숫자의 개수는 제1행이 1개, 제2행이 2개, 제3행이 3개라는 식으로 아래로 1행씩 내려갈 때마다 1개씩 늘어난다. 이 때문에 제19행까지에 적힌 숫자의 개수는

$1 + 2 + 3 + \cdots + 19 = 190$(개)

이다. 그런데 제19행에는 19개의 숫자가 있으므로 중앙의 숫자의 좌우에

$(19-1) \div 2 = 9$(개)

씩의 숫자가 있다. 이 때문에 이 숫자는 처음의 1에서부터 세면

$190 - 9 = 181$(개째)

이다. 그리하여 중앙열이 위에서 10번째의 수는 181이 된다.

다음에 수 200이 제 몇 행에 있는가를 생각한다. 여기까지의 조사로 제19행까지에 190개의 숫자가 있다. 그러면 다음의 제20행에는 20개의 숫자가 더 쓰이므로 합계는 210개(=190+20)이다. 200은 190에서 210 사이이므로 제20행에 있다. 또 숫자는 좌우로 꼬불꼬불 내려오므로 제2행, 제4행, 제6행과 같은 짝수행째는 좌에서 우로 나아간다. 이 때문에 수 200은 제20행의 왼쪽에서 10번째(200-190)에 있다.

문제 32

아래와 같이 어떤 규칙에 따라서 분수가 배열되어 있다. 어떤 규칙으로 배열되었는가를 알아보고 3/8이 몇 번째에 오는지 맞추어라.

해설

퍼즐과 같은 문제이다. 먼저 분자와 분모를 따로따로 조사한다. 그러면 각각이 어떤 규칙으로 배열되었는가는 간단히 알아낼 수 있다. 문제는 3/8이 몇 번째에 나타나는가를 분자와 분모의 짝짓기로 알아내는 것이다.

해답

분자의 수열을 1개, 2개, 3개로 구별하면

{1}, {1, 2}, {1, 2, 3}, …

이 되므로 4조째와 5조째는

{1, 2, 3, 4}, {1, 2, 3, 4, 5}

로 계속되는 것을 알 수 있다. 그래서 분모의 수열도 마찬가지로 1개, 2개, 3개로 구분하면

{2}, {3, 2}, {4, 3, 2}

로 되어 있다. 이것에서 4조째나 5조째는

{5, 4, 3, 2}, {6, 5, 4, 3, 2}

로 계속되는 것을 알게 된다.

다음으로 분자에 3이 나타나는 것은 몇 번째인가를 조사한다. 그러면 처음이 6번째이고 그다음은 3, 4, 5, … 를 순차적으로 더한

9, 13, 18, 24, 31, 39, 48, … (번째)

로 되어 있다. 마찬가지로 분모에 8이 나타나는 것은 몇 번째인가를 조사하면 처음이

22=(1+2+3+4+5+6)+1(번째)

이고 나중은 8, 9, 10을 순차적으로 더한

30, 39, 49, 60, 72, 85, 99, …… (번째)

로 되어 있다. 이것에서 3/8이 나타나는 것은 양쪽에 공통되는 39번째가 된다. 또한 그 이후에 3/8이 나타나지 않는 것은 분자와 분모를 더한 값이 점차 증가되는 것으로 해서 분명하다.

아래 그림과 같이 □△○가 교대로 배열되어 있다. 어떤 수를 왼쪽 끝의 □에 넣고 오른쪽으로 갈수록 수를 크게 해간다. 그리고 △에는 왼쪽 이웃의 □에 가장 가까운 3의 배수를 넣고, ○에는 왼쪽 이웃의 △에 가장 가까운 5의 배수를 넣고, □에는 왼쪽 이웃의 ○에 가장 가까운 2의 배수를 넣는다.

왼쪽 끝의 □에 2를 넣으면 왼쪽에서 16번째의 수는 얼마인가? 또 왼쪽 끝의 □에 12를 넣으면 70은 왼쪽에서 몇 번째 장소에 들어가는가?

□△○□△○□△○□△○□△○□△○……

해설

□△○에 들어가는 수에 어떤 규칙이 있는가를 알아내는 것이 중요하다. □, △, ○ 속에 들어가는 수가 2, 3, 5의 배수인 것에 주의한다.

해답

왼쪽 끝의 □를 2라고 하면 그 오른쪽은 △, ○, □이 규칙에 따라서

$2 \to 3 \to 5 \to \underline{6} \to 9 \to 10 \to \underline{12} \to 15 \to 20 \to \underline{22}$

$\to 24 \to 25 \to \underline{26} \to 27 \to 30 \to \underline{32} \to 33 \to 35 \to \underline{36} \to$

로 나아간다. 여기서 밑줄은 □에 들어가는 수에 그었다. 이리하여 16번째를 조사하면 □에 들어가는 수는 32가 된다.

다음에 왼쪽 끝의 □를 12로 하였을 때를 생각한다. 위의 수열을 보면 12는 7번째에 있어서 꼭 □에 들어가 있다. 이 때문에 왼쪽 끝의 □를 12로 하는 수열도, 7번째의 □를 12로 하는 수열도, 그 오른쪽 수열은 똑같은 것이 된다. 그래서 위의 수열의 연속을 생각하기 위하여 1번째 □에 들어가는 2와 16번째의 □에 들어가는 32를 비교한다. 이 차이는 딱 30으로 2, 3, 5의 어느 수라도 나눠지는 최소수가 되어 있다. 이 때문에 □, △, ○의 규칙에 따르면 2의 오른쪽에 계속되는 수열과 32의 오른쪽으로 계속하는 수열은 같은 위치에 오는 2개씩의 수의 차가 어느 것이나 30이 될 뿐이고

$\underline{2} \to 3 \to 5 \to \underline{6} \to 9 \to 10 \to \underline{12} \to 15 \to 20 \to \cdots$

$\underline{32} \to 33 \to 35 \to \underline{36} \to 39 \to 40 \to \underline{42} \to 45 \to 50 \to \cdots$

와 같이 대응한다. 이 때문에 2에서 16번째가 32이면 12에서 16번째는 42(=12+30), 31번째는 72(=42+30)이다. 그런데 12의 왼쪽 이웃은 10이므로 72의 왼쪽 이웃은 70이다. 이것은 왼쪽 끝의 12에서 세어서 30번째이다.

문제 34

한 눈금이 1㎝인 모눈종이에 아래 그림과 같이 규칙적으로
A1, A2, A3, A4, … 를 잡고 A1, A2, A3를 연결한 삼각형을
△, A2, A3, A4를 연결한 삼각형을 △와 같이 표시해 간다.
△가 100㎠이 되는 것은 x가 얼마일 때인가? 또 △의 면적에
서 △를 빼면 차가 56㎠가 되었다. 이러한 a와 b의 조합을 모
두 구하여라.

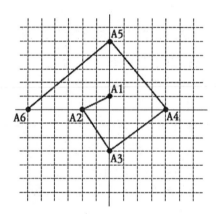

해설

면적의 차가 56㎠이 되는 조합은 많지 않다. 그러나
$u^2-v=(u+v)(u-v)$의 공식을 모르면 그것을 구할 필요가 있
다.

해답

A1, A2, A3, … 등의 점은 중심에서 1㎝, 2㎝, 3㎝, … 의 길이에 소용돌이 모양으로 잡은 점이므로 이들의 세 점을 순서대로 연결한 삼각형의 면적은

△=(1+ 3)×2÷2=4=2×2

△=(2+4)×3÷2=9=3×3

△=(3+5)×4÷2=16=4×4

이다. 이 값은 삼각형의 번호에 1을 더한 수의 제곱이다. 이 때문에 면적이 100㎠(=10×10)가 되는 것은 △이다.

다음에 u×u-v×v가 56이 되는 조를 찾기 위하여 u×u와 v×v를 정사각형의 면적으로 보고, 변의 길이가 u와 v인 정사각형을 그림과 같이 겹쳐 본다. 그러면 2개의 정사각형의 면적의 차는 M과 N의 합이므로 N을 옆으로 하면 세로가 u+v, 가로가 u-v인 직사각형이 된다. 이것은 56을 두 수의 곱으로 나눴을 때, 합과

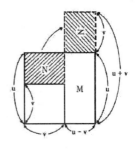

차의 반씩으로 u와 v를 만들면 된다는 것을 보여 주고 있다. 그래서 56을 두 수의 곱으로 나타내면 56×1, 28×2, 14×4, 8×7의 4조가 전부이다. 이 중 두 수의 합과 차의 반이 원래의 정수가 되는 것은 28×2에서의 15와 13, 14×4에서의 9와 5의 2조이다. 이리하여

15×15-13×13=56, 9×9-5×5=56

이 구해지고 △와 △의 차, △과 △의 차가 구하는 답이 된다.

문제 35

아래 표에서 각 단의 가장 큰 수는 1단째에서는 20, 2단째에서는 40, 3단째에서는 60이다. 이때 x단째의 왼쪽에서 y번째의 수 A와 (x+1)단째의 왼쪽에서 y번째의 수 B와의 합이 401, 차가 27이 되는 x와 y는 얼마인가?

	1번째	2번째	3번째	…	y번째	…	19번째	20번째
1단째	1	2	3	… …		… … …	19	20
2단째	40	39	38				22	21
3단째	41	42	43				59	60
4단째	80	79	78				62	61
⋮	⋮							⋮
⋮	⋮							⋮
x단째					A			
$(x+1)$단째					B			

해설

어느 두 단을 잡아도 세로로 배열한 두 수의 합과 차는 아주 규칙적인 성질을 가지고 있다. 이것을 이용한다.

해답

1단째와 2단째를 보면 세로로 배열된 두 수의 합은 언제나 41이다. 또 2단째와 3단째에서는 세로로 배열된 두 수의 합은 언제나 81이다. 이렇게 세로로 배열된 두 수의 합은 어느 두 단을 잡아도 일정하다.

더욱이 두 수의 합은 아래로 1단 내려갈 때마다 40씩 증가

	1번째	2번째	3번째	… …	y번째	… … …	19번째	20번째
1단째	1	2	3	… …		… … …	19	20
2단째	40	39	38				22	21
3단째	41	42	43				59	60
4단째	80	79	78				62	61
⋮	⋮							⋮
⋮	⋮							⋮
x단째					A			
(x+1)단째					B			

해 간다. 그러면 합이 401이 되는 것은 아래로

$$(401-41) \div 40 = 9(단)$$

내려갔을 때이다. 이것은 10단째와 11단째를 보았을 때이고 x는 10이라고 결정된다.

다음에 A와 B의 차가 어떤 때에 27이 되는가를 조사한다. 먼저 2단째와 3단째를 보면 세로로 배열된 두 수의 차는 1번째에서 20번째로 나아감에 따라서

$$1, 3, 5, 7, \cdots, 37, 39$$

로 증가해 간다. 이것에서 세로로 배열된 두 수의 차가 27이 되는 것은

$$(27+1) \div 2 = 14(번째)$$

가 된다. 그런데 이것과 마찬가지의 것은 4단째와 5단째, 6단째와 7단째 같이 짝수단째의 수가 홀수단째의 수보다 작을 때는 언제나 있게 된다. 이 때문에 11단째의 수에서 10단째의 수를 뺄 때도 14번째의 세로의 두 수의 차는 27이 된다. 이리하여 y는 14로 결정된다.

문제 36

　큰 방의 벽에 한 변이 15㎝인 정육각형 ㉠과 그 일부분으로 되어 있는 사다리꼴 ㉡, 삼각형 ㉢, ㉣, ㉤, 마름모꼴 ㉥의 6종류의 타일이 빈틈없이 배열되어 있다. 벽의 높이는 3.3m이다. 이들 6종류의 타일은 각각 몇 장씩 사용되었는가?

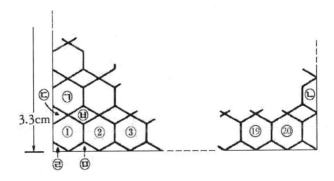

해설

벽의 상부는 타일이 어떤 모양으로 배열되어 있는가? 이 배열 방식을 알게 되면 다음은 각각 타일을 꼼꼼히 세어 보면 된다.

해답

먼저 벽 상부의 타일의 상태를 조사한다. 〈그림 1〉에서 한 변이 15㎝인 정육각형의 대각선의 길이는 2배인 30㎝이다.

그래서 벽의 오른쪽 아래 구석을 보면 이 대각선이 꼭 경계에 오고 ⓛ의 타일이 위로 향해서 배열되어 있다. 이 때문에 벽의 높이를 대각선 길이로 나누면 나머지가 생기는가 어떤가에 따라서 벽 상부의 상태를 알게 된다. 벽의 높이는 3.3m(=330㎝)이기 때문에 이것을 30㎝로 나누면

330÷30=11

이 되어 나눠진다. 이것에서 벽의 오른쪽 끝에는 ⓛ의 타일이 꼭 11장이 배열된다.

이것에 기준하여 벽의 상부도 더하면 타일 상태는 〈그림 2〉가 된다. 그래서 이 그림으로부터 각 타일을 센다.

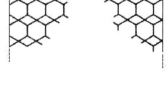

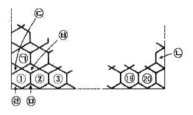

먼저 ㉠의 타일은 벽의 오른쪽에서는 ⓛ의 타일과 언제나 이웃에 있다. 이 때문에 가로에 20장, 세로에 11장이 배열되어 합계는 220(=20 ×11)장이다.

다음에 ⓛ의 타일은 벽의 오른쪽 끝에밖에 없다. 이 때문에 앞에서 계산한 것과 같이 전부 11장이다. 또 ㉢의 타일은 왼쪽 끝에밖에 없다. 이것과 오른쪽 끝의 ⓛ의 타일 배열 방식을 비교하면 ⓛ의 타일

사이에 들어가는 모양으로 ㉢의 타일이 배열되어 있다. 이 때문에 ㉢의 타일은 ㉡의 타일보다 1장 적어 전부 10장이다.

다음에 ㉣의 타일은 왼쪽 아래 구석과 왼쪽 위 구석의 2장뿐이다. 또 ㉤의 타일은 벽의 아래 끝과 위 끝밖에 없다. 그런데 ㉠의 타일은 가로로 20장이 배열되어 있어서 이것에 곁 붙여 ㉤의 타일도 배열되어 있다. 이 때문에 ㉤의 타일도 가로로 20장 배열되게 되어 위 끝의 20장을 덧붙이면 전부 40장이다.

끝으로 ㉥의 타일을 조사한다. 아래 끝의 ㉠과 ㉥의 타일을 비교하면 언제나 곁 붙여 배열하고 있다. 이 때문에 ㉥의 타일도 가로로 20장이 배열된다. 한편, 세로 방향을 보면 ㉥의 타일은 언제나 ㉠의 타일의 바로 위인데, 위 끝에만은 ㉥의 타일이 없다. 이 때문에 ㉥의 타일은 세로로 10장이고 합계는 200장(=20×10)이 된다.

4장

수의 응용문제

문제 37

어떤 상품의 값은

1개 : 70원   2개 : 130원

3개 : 200원   4개 : 260원

5개 : 320원

으로 되어 있다.

어느 경우라도 원가를 1.25배하여 10원 미만의 끝수는 10원으로 끝올림한 것이며, 몇 개를 사도 에누리는 없다. 1개당 원가에 1원 미만의 끝수가 없다고 하면 이 상품의 1개당 원가는 얼마인가?

해설

먼저 원가를 1.25배한 값을 조사한다. 원가를 구하는 것은 그다음에 한다.

해답

10원 미만의 끝수를 끝올림하기 전에는 1개일 때가 60원에서 70원 사이, 2개일 때가 120원에서 130원 사이, 3개일 때가 190원에서 200원 사이, 4개일 때가 250원에서 260원 사이, 5개일 때가 310원에서 320원 사이이므로 1개당의 값을 구하면

1개일 때 : 60원~70원(60원 바로 그것은 포함하지 않는다. 이하 같다)

2개일 때 : (120~130)÷2=60원~65원

3개일 때 : $(190~200) \div 3 = 63\frac{1}{3}$ 원~$66\frac{2}{3}$ 원

4개일 때 : (250~260)÷4=62.5원~65원

5개일 때 : (310~320)÷5=62원~64원

이 된다. 이들 어느 것에나 포함되는 값은

$63\frac{1}{3}$ 원~64원

이다.

여기서 1개당의 원가는 $63\frac{1}{3}$ 원~64원을 1.25로 나눈 것이 되어

$(63\frac{1}{3} ~64) \div 1.25 = 50.6667$ 원~51.2원

사이의 어느 것이 된다. 그런데 원가에는 1원 미만의 끝수가 포함되어 있지 않으므로, 이 사이에서는 51원밖에 없다. 이리하여 원가는 51원이 된다.

1시간에 2분씩 늦는 시계 A와 1시간에 2분씩 빠른 시계 B가 있다. 지금 정확히 정오에 이 2개의 시계 A, B를 12시에 맞췄다.

이날 정확한 시각이 오후 3시 18분이 될 때, 시계 B는 시계 A보다 몇 분 몇 초 앞서겠는가? 또, 같은 날 시계 A가 오후 4시 21분을 가리키고 있을 때, 시계 B는 몇 시 몇 분을 가리키고 있는가?

해설

문제의 내용을 잘 정리해 두지 않으면 헷갈리게 된다. 비례 관계를 사용하면 답은 간단히 나온다.

해답

시계 A는 1시간에 2분씩 늦고, 시계 B는 1시간에 2분씩 빨리 가므로 이 2개의 시계 사이에서는 1시간에 4분씩의 차가 생긴다. 그러면 3시간 18분은

$$3시간\ 18분 = 3\frac{18}{60}\ 시간 = 3.3시간$$

이므로, 시계 B는 시계 A보다

$$4분 \times 3.3 = 13.2분 = 3분\ 12초$$

앞서게 된다.

다음에 시계 A와 시계 B는 각각 1시간에 58분, 62분의 비율로 바늘이 움직인다. 이 때문에 시계 A의 바늘이

$$4시간\ 21분 = 4\frac{21}{60}\ 시간 = 4\frac{7}{20}\ 시간$$

움직일 때, 시계 B의 바늘은

$$4\frac{7}{20}\ 시간 \times \frac{62}{58} = 4\frac{13}{20}\ 시간$$

움직인다. 이 때문에 4시 39분을 가리킨다.

A, B, C, D, E의 5명이 10점 만점의 시험을 치르고, 그 결과를 다음과 같이 말했다.

A군 : '4점이었다.'

B군 : '5명 중에서 최고점이었다.'

C군 : 'A군과 D의 평균과 같은 점수이었다.'

D군 : '5명의 평균과 같은 점수이었다.'

E군 : 'C군보다도 2점 높은 점수이었다.'

5명의 득점을 높은 순서로 배열하면

B, E, □, □, □

가 되었다.

□를 채워라. 또 B군의 득점은 몇 점이었는가?

해설

몇 사람의 득점이 같아지는 것도 생각하여 살 수 없도록 한다. 득점의 순위는 대략 짐작이 가지만 잘 생각하지 않으면 B군의 득점이 나오지 않는다.

해답

먼저 A군의 득점이 D군보다 위라고 해본다. 그러면 B군, C군, E군의 이야기에서 이 세 사람의 득점도 D군보다 위가 되어 D군이 최하위가 된다. 그러나 이것으로는 D군의 득점이 5명의 평균이 되지 않는다.

다음에 A군과 D군이 같은 득점이라고 본다. 그러면 C군 얘기에서 C군도 같은 득점이다. 그러나 B군과 E군의 득점은 C군보다 위이므로, 역시 D군의 득점이 5명의 평균이 되지 않는다. 이리하여 A군의 득점은 D군보다 아래가 되어 득점 순서는 B군, E군, D군, C군, A군이 된다.

다음에 B군의 득점을 생각한다. A군은 4점, C군은 A군과 D군의 평균과 같은 점수이므로 D군의 득점은 짝수이다. 그러나 D군을 10점으로 하면 B군이 5명 중의 최고점이 되지 않게 된다. 그래서 D군을 8점이라고 하면 C군은 6점이 되어 E군도 C군보다 2점 많은 8점이 된다. 그러면 D군의 득점의 5배는 40점이 되고 B군의 득점은

40-(8+8+6+4)=14(점)

이 되어 10점을 넘어 버린다. 끝으로 D군의 득점을 6점으로 하면, C군은 5점, E군은 7점이 된다. 그러면 D군의 득점의 5배는 30점이고 B군의 득점은

30-(7+6+5+4)=8(점)

이 되어 모순 없이 5명의 득점이 결정된다.

이리하여 5명의 득점은 A군이 4점, B군이 8점, C군이 5점, D군이 6점, E군이 7점이 된다.

문제 40

40명의 학급에서 반장을 한 사람 뽑기로 하였다. 여기에는 A, B, C 세 사람이 입후보하였으므로 투표로 정하기로 하고 득표수가 가장 많은 사람을 당선으로 한다. 어느 사람이든 1표씩 투표할 때, 몇 표 있으면 확실하게 당선되는가? 또 당선할 가능성이 있는 것은 최저로 몇 표일 때인가?

지금 도중의 개표 결과가 A가 5표, B는 7표, C는 8표가 나왔다. A가 당선하기 위해서는 최저로 몇 표 더 있으면 되는가?

해설

간단한 문제 같지만 너무 단순하게 생각하면 함정에 빠진다. 최악의 사태를 상정하여 그에 대비하도록 한다.

해답

A가 당선할 때를 생각하면 A에 가장 불리한 상황은 A 이외의 표가 B와 C의 어느 한쪽으로 집중해 버릴 때이다. 그래도 A가 당선하는 데는 40표 중의 반 이상이 필요하다. 40표의 반은 20표이므로 A가 확실하게 당선되는 것은 21표를 얻었을 때이다.

다음에 A에게 가장 유리한 상황은 3명의 득표가 백중(伯仲)하여 A가 가까스로 앞설 때이다. 40표를 3으로 나누면

40÷3=13 ······ 나머지 1

이므로 13표보다 1표 많은 14표를 얻으면 당선 가능성이 있다. 끝으로 A가 5표, B가 7표, C가 8표 얻은 도중의 개표 결과를 생각한다. 이때, A에게 가장 불리한 상황이 되는 것은 득표수가 가장 많은 C가 그 후의 A 이외의 표를 모두 얻었을 때이다. 이래도 A가 당선하는 데는 A가 C의 최종 득표수를 초과해야 한다. 이미

5+7+8=20(표)

가 개표되어 있으므로 나머지 표는 20표이다. 그러면 도중의 개표 결과에서는 A는 C와 3표(=8-5)의 차가 있으므로 이것에서 반대로 4표 이상의 차가 있으면 된다. 이것은 A가 그 후에

{(20-4)÷2}+4=12(표)

를 얻었을 때이다. 그러면 그 이외의 8표를 모두 C가 얻어도 최종 득표수는 A가 17표, C가 16표가 되어 A가 당선된다.

문제 41

감이 404개, 귤이 108개가 있다. 이것을 몇 사람의 아이에게 똑같이 나눠 주었더니 감은 5개 남고, 귤은 3개 남았다. 몇 개씩의 감을 각각의 아이에게 나눠 주었는가?

해설

이것만의 조건으로 몇 개씩의 감을 나눠 주었는가를 알게 되는가에 의문을 가질 것이다. 그러나 답이 하나뿐이라고 할 수 없으므로 가능한 경우를 모두 생각하면 된다.

해답

감은 전부가 404개인데 이 중 5개가 남았으므로 나머지 399개 (=404-5)를 아이들에게 똑같이 나눠 주었다. 또 귤은 전부가 108개인데 그중 3개가 남았으므로 나머지 105개(=108-3)를 아이들에게 똑같이 나눠 주었다. 이것에서 아이 수는 399와 105의 양쪽을 나누는 수이어야 한다.

그래서 399와 105를 각각 소수의 곱으로 나누면

$399 = 3 \times 7 \times 19$

$105 = 3 \times 5 \times 7$

이 되어 이들의 공통 소수는 3과 7의 2개이다. 이 때문에 아이 수는 21($=3 \times 7$)로 나눠진다. 이것은 1, 3, 7, 21의 4개인데 등분한 뒤에 5개의 감이 남았으므로 5보다 작은 수는 되지 않는다. 이리하여 아이 수는 7명이나 21명의 어느 쪽이다.

먼저 7명의 아이라고 하면 감은 57개($=399 \div 7$)씩 나누고, 귤은 15개($=105 \div 7$)씩 나누고 있다. 또 21명의 아이라고 하면 감은 19개 ($399 \div 21$)씩 나누고, 귤은 5개($=105 \div 21$)씩 나누고 있다. 어느 쪽이나

$404 = 57 \times 7 + 5 = 19 \times 21 + 5$

$108 = 15 \times 7 + 3 = 5 \times 21 + 3$

을 만족하므로 올바른 답이다.

문제 42

6학년생 100명 중 충치가 있는 학생의 수는 70명 이상, 80명 이하이다. 또, 근시인 학생의 수는 60명 이상, 90명 이하이다. 충치가 있고 또한 근시인 사람은 몇 명이라고 생각되는가? 또, 충치가 있고 근시가 아닌 사람의 인원수는 몇 명이라고 생각되는가?

해설

충치인 사람도 근시인 사람도 정확한 인원수는 모르기 때문에 답인 인원수도 폭을 넓혀서 맞추어야 한다. 각각의 인원수의 상한과 하한을 생각해야 한다.

해답

먼저 충치가 있는 근시인 사람을 생각한다. 충치인 사람은 아무리 많아도 80명, 근시인 사람은 아무리 많아도 90명이다. 이 때문에 충치이고 근시인 사람이 가장 많아지는 것은 충치인 80명이 모두 근시일 때이다. 한편, 충치인 사람은 아무리 적어도 70명, 근시인 사람은 아무리 적어도 60명이다. 이 때문에 근시가 아닌 사람은 아무리 많아도 40명(=100-60)이 되어 그 모두가 충치일 때, 충치이고 근시인 사람이 가장 적어진다. 이것은 근시인 30명(=70-40)이 충치일 때이다. 이리하여 충치이고 근시인 사람은 30명에서 80명 사이가 된다.

다음에 충치이지만 근시가 아닌 사람을 생각한다. 충치인 사람은 아무리 많아도 80명, 근시가 아닌 사람은 아무리 많아도 40명이므로, 충치이지만 근시가 아닌 사람이 가장 많아지는 것은 근시가 아닌 40명이 모두 충치일 때이다.

한편, 충치인 사람은 아무리 적어도 70명, 근시인 사람은 아무리 많아도 90명이다. 이 때문에 충치인 70명이 모두 근시이면, 충치이지만 근시가 아닌 사람은 한 사람도 없는 것이 된다. 이리하여 충치이지만 근시가 아닌 사람은 0명에서 40명 사이가 된다.

상자 속에 붉은구슬과 흰구슬이 몇 개씩 들어 있다. 1회에 붉은구슬을 5개씩, 흰구슬을 3개씩 꺼내면 몇 회째에 흰구슬이 없어지고 붉은구슬은 8개 남는다. 또 1회에 붉은구슬을 7개씩, 흰구슬을 3개씩 꺼내면 붉은구슬이 없어졌을 때, 흰구슬은 24 개 남는다. 상자에는 흰 구슬이 몇 개 들어 있었는가?

해설

1회에 꺼내는 흰구슬의 개수는 어느 쪽이나 3개씩이다. 이 때문에 붉은구슬을 꺼내는 방법의 차이에 따라 마지막 상황 이 달라진다.

해답

　1회에 붉은구슬을 5개씩 꺼냈을 때를 1회째, 7개씩 꺼냈을 때를 2회째라고 부르기로 한다. 그러면 1회에 꺼내는 흰구슬의 개수는 1회째도 2회째도 3개씩이므로 어느 쪽도 흰구슬이 없어질 때까지 꺼내면 횟수는 같아진다. 이렇게 하는 데는 2회째도 흰구슬을 8회(=24÷3) 더 꺼내야 한다. 이 상태로 붉은구슬의 개수를 비교해 본다. 그러면 1회째는 8개 남았는데, 2회째는 56개(=7×8)가 부족하다. 이 차이는

　8-(-56)=64(개)

이고 붉은구슬을 꺼내는 개수가 2개(=7-5)씩 바뀌었기 때문이다. 이것에서 1회째에 꺼낸 횟수는

　64÷2=32(회)

가 된다. 이것에서 상자에 들어 있던 흰구슬은

　32×3=96(개)

이고, 붉은구슬은

　32×5+8=168(개)

가 된다.

문제 44

　아래 그림은 한 변의 길이가 6㎝인 정육각형이다. 이 변 위를 화살표 방향으로 움직이는 두 점 P, Q가 있고, 점 P는 초속 2㎝로 꼭짓점 ㉠으로부터, 점 Q는 초속 3㎝로 꼭짓점 ㉣으로부터 동시에 출발하여 변 위를 몇 번이나 돈다. 점 P와 점 Q가 처음으로 겹칠 때를 1회째, 다음에 겹칠 때를 2회째라고 할 때, 5회째에 겹치는 것은 출발하고 나서 몇 분 몇 초 후인가? 또 점 P와 점 Q가 처음으로 출발점의 ㉠, ㉣에 되돌아오는 것은 출발하고 나서 몇 분 몇 초 후인가?

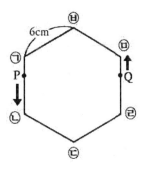

해설

출발시에 벌어졌던 PQ 사이의 차가 어느 정도의 비율로 축소되는가를 생각한다.

해답

출발시 두 점 P, Q의 차는

$6 \times 3 = 18(cm)$

이다. 이것은 1초간에 1cm(=3-2)씩 축소되므로 18cm 축소하는 데는 18초 걸린다. 이리하여 1회째에 겹치는 것은 출발하고 나서 18초 후이다.

1회째에 겹친 다음은 점 Q가 점 P보다 한 바퀴 많이 돌았을 때, 다시 두 점이 겹친다. 한 바퀴는

$6 \times 6 = 36(cm)$

이므로 이 차를 1초간에 1cm씩 축소시키면 36초 걸린다. 이것은 2회째이고 출발하고 나서 54초(=18+36) 후이다. 그러면 그 후도 36초마다 겹치므로 두 점 P, Q가 5회째에 겹치는 것은 출발하고 나서

$18 + 36 \times (5-1) = 162(초)$

후이고 분으로 고치면 2분 42초가 된다.

다음에 두 점 P, Q가 처음으로 출발점의 ㉠, ㉣에 동시에 되돌아올 때까지의 시간을 구한다. 점 P의 초속은 2cm이므로, 36cm의 거리를 한 바퀴 도는 데 18초(=36÷2) 걸린다. 점 Q의 초속은 3cm이므로 한 바퀴 도는 데 12초(=36÷3) 걸린다. 이 때문에 18초와 12초의 최소공배수를 구하면 그것이 처음으로 동시에 출발점으로 되돌아오는 시간이다. 18과 12 각각을 소수의 곱으로 나타내면

$18 = 2 \times 3 \times 3,$ $12 = 2 \times 2 \times 3$

이다. 이것에서 18과 12의 최소공배수는

$2 \times 2 \times 3 \times 3 = 36$

이다. 이것으로부터 두 점 P, Q가 처음으로 각각의 출발점으로 동시에 되돌아오는 것은 출발하고 나서 36초 후가 된다.

문제 45

몇 개씩인가의 구슬을 A, B, C 세 사람이 가지고 있다. 만일 A가 B에게 8개 주면 A와 B의 개수의 비는 5 : 3이 된다. 만일 A가 C에게 15개 주면 A와 C의 개수의 비는 4 : 5가 된다. 지금 B가 A에게 7개 주었으므로 A와 B의 구슬 개수의 차는 60개가 되었다. 구슬 개수는 전부 몇 개인가?

해설

먼저 A와 B에 대해서 생각한다. 그러면 두 사람이 가지고 있는 구슬은 C와 관계없이 구할 수 있다. C의 구슬은 그다음에 구한다.

해답

A가 B에게 8개를 주어도 역시 A와 B의 개수비는 5 : 3이다. 이것에서 A는 B보다 많은 구슬을 가지고 있다. 그런데 B가 A에게 7개 준 다음의 두 사람의 차는 60개이다. 이 때문에 A가 B로부터 7개를 받기 전의 A의 구슬은 B보다

60-7×2=46(개)

가 많아진다. 그러면 A가 B에게 8개 준 다음의 A의 구슬은 B보다

46-8×2=30(개)

가 많게 되어 이것이 5 : 3의 차가 되어 있다. 이 때문에 A가 B에게 8개 준 다음의 두 사람의 구슬은

A : (30÷2)×5=75(개)

B : (30÷2)×3=45(개)

이다. 이리하여 8개 주기 전에는 A가 83개(=75+8), B가 37개(=45-8)가 된다.

다음에 A가 C에게 15개를 주면 A의 나머지 구슬은 68개(=83-15)이다. 이것으로 A와 C의 개수비는 4 : 5가 되므로 15개를 받기 전의 C의 구슬은

C : (68÷4)×5-15=70(개)

이다. 이리하여 세 사람이 가지고 있는 구슬의 합계는

83+37+70=190(개)

가 된다.

문제 46

　철수, 영희, 영미 세 사람의 형제가 가지고 있는 용돈 비율은 10 : 5 : 3이었는데, 철수가 영미에게 400원을 주고, 또 영희도 영미에게 얼마를 주어 그 결과는 7 : 4 : 4의 비율이 되었다. 거기에 아버지가 오셔서 세 사람에게 같은 액수의 용돈을 주어 세 사람이 가지고 있는 금액은 3 : 2 : 2의 비율이 되었다. 아버지는 세 사람에게 각각 얼마씩의 돈을 주었는가?

해설

10 : 5 : 3과 7 : 4 : 4의 비율로는 간단히 관련지을 수 없다. 양쪽의 비율에 각각 몇 배인가 해서 정합이 좋은 것으로 해야 한다.

해답

10 : 5 : 3 속에 포함되어 있는 3개의 수의 합은, 10+5+3=18이 되고 7 : 4 : 4 속에 포함되어 있는 3개의 수의 합은, 7+4+4=15이 된다. 그래서 10 : 5 : 3을 일률적으로 15배하여 150 : 75 : 45로 하고, 7 : 4 : 4를 일률적으로 18배하여 126 : 72 : 72로 해본다. 그러면 이들에 포함되어 있는 3개의 수의 합은, 150+75+45=126+72+72=270이 되어 같아진다. 그래서 세 사람의 합계 금액을 가령 270(단위는 불명)이라고 하면 철수가 영미에게

150-126=24

를 주고, 영희가 영미에게

75-72=3

을 주면 계산이 맞는다. 실제로는 철수가 영미에게 400원을 주었으므로 24가 400원에 상당하고 영희는 영미에게

(400÷24)×3=50(원)

을 주었다. 이 결과 철수가 가진 돈은

(400÷24)×126=2,100(원)

이 되어 영희와 영미가 가진 돈은

(400÷24)×72=1,200(원)

이 되었다. 그러면 철수와 영희가 가진 돈의 차는

2100-1200=900(원)

이므로 철수는 이 3배인 2700원을 가지고, 영희와 영미는 2배인 1800원을 가지면 비율은 3 : 2 : 2가 된다. 이리하여 세 사람은 아버지에게서 600원(=2700-2100)씩 받았다.

문제 47

어떤 동물원의 입장료는 어른이 200원, 어린이가 100원이다. 어느 날, 어린이만을 무료로 하였더니 전날보다도 어른의 입장객이 6할이 증가하고 어린이 입장객이 8할이 증가하였다. 이 결과, 전체적으로 780명이 증가하였는데 입장료의 합계는 전날과 변함이 없었다. 입장료의 합계는 얼마였는가?

해설

이날의 어른의 입장료 증가분이 전날의 어린이 입장료를 보충하고 있다. 이 관계를 잘 이용하기 위해 전날의 어린이 입장객을 적당히 상정해 본다.

해답

전날의 어린이 입장객을 가령 300인이라고 상정해 본다. 어린이 입장료의 합계는

100×300=30,000(원)

이다. 이것은 어른 150명(=30000÷200)의 입장료에 해당하므로 그날의 어른의 입장객은 전날보다 150인이 증가하고 있다. 그런데 이것은 전날의 어른의 입장객의 6할에 해당하므로 전날의 어른 입장객은

150÷0.6=250(인)

이 된다.

그럼, 그날의 어린이 입장객은 전날보다도 8할이 증가하였으므로 증가한 인원수는

300×0.8=240(인)

이다. 그러면 어른 입장객은 150인 증가하고 있으므로 합계에서는

150+240=390(인)

이다. 그런데 실제로 증가한 인원수는 780인으로 390인의 2배(=780÷390)이다. 이 차는 전날의 어린이의 입장객을 300인으로 상정하였기 때문이며 2배인 600인(=300×2)이라면 되었다. 그러면 어른도 500인(=250×2)이 되어 어른과 어린이 입장료의 합계는

500×200+600×100=160,000(원)

이 된다.

 5원, 10원, 50원 세 종류의 동전이 합쳐서 25개 있다. 이들을 1개씩 배열하여 세로 5열, 가로 5열로 한다. 아래 표는 각각의 열의 합계 금액을 계산한 것이며 어디에 어느 동전을 놓았는가는 지웠다. 5원 동전을 놓은 자리에 ○표, 10원 동전을 놓은 자리에 △표, 50원 동전을 놓은 자리에 ×표를 써넣어라.

					합계
					165
					30
					45
					35
					80
합계	25	90	125	75	40

해설

알게 된 것부터 동전을 순서대로 써넣는다. 그러면 놓는 곳이 점차 한정되어 드디어 모든 동전의 놓는 곳이 결정된다.

해답

왼쪽 끝의 세로열의 합계는 25원이다. 이 액수가 되는 것은 5장 모두 5원 동전일 때뿐이다. 이리하여 왼쪽 끝의 세로열의 동전을 모두 5원 동전이라고 결정된다. 그러면 위 끝의 가로열의 합계는 165원이므로 왼쪽 위 끝의 5원 동전을 제외한 나머지 4개의 합계는 160원이다. 그런데 4개의 동전으로 160원이 되는 것은 50원 동전이 3개, 10원 동전이 1개일 때밖에 없다. 또한 오른쪽 끝의 세로 열 합계를 보면 40원이다. 이 때문에 오른쪽 위 끝에 50원 동전은 들어가지 못한다. 이리하여 위 끝의 가로열 동전도 결정된다. 오른쪽 표는 여기까지의 결과를 써넣은 것이며, 왼쪽 끝과 위 끝 열이 결정된

					합계
○	×	×	×	△	165
○					30
○					45
○					35
○					80
합계	25	90	125	75	40

다. 다음에 왼쪽 끝과 위 끝 열을 제외한 표를 만든다. 여기서는 왼쪽 끝과 위 끝 2열에 넣은 동전 액수를 합계에서 빼고 표를 완결시켜 두는 것이 중요하다. 오른쪽 표는 이 결과를 나타낸 것이며 이것이 처음부터 주어진 표라고 생각할 수도 있다. 물론 앞의 것보다도 간단한 표이므로 문제를 생각하기 쉽게 한다. 먼저 왼쪽 끝의 세로열 합계를 보면 40원이다. 그런데 4개의 동전으로 40원이 되는 것은 4개 모두 10원 동전일 때뿐이다. 이리하여 왼쪽 끝의 세로열의 동전은 모두 10원 동전이라고 결정된다. 그러면 위에서 2번째의 가

				합계
				25
				40
				30
				75
합계	40	75	25	30

로열 합계도 40원이므로 여기에도 10원 동전이 모두 들어간다.

다음에 위 끝의 가로열 합계를 보면 25원이다. 그러면 왼쪽 위 끝

에는 10원 동전이 들어가므로 나머지 3개의 합계는 15원이다. 동전 3개로 이 액수가 되는 것은 3개 모두 5원 동전일 때뿐이다. 또 오른쪽에서 2번째의 세로열 합계도 25원이다. 이 때문에 1개의 10원 동전을 제외하면 나머지 3개의 합계는 15원이 되어 여기에 모두 5원 동전이 들어간다. 오른쪽 표는 여기까지의 결과를 써넣은 것이다.

				합계
				25
				40
				30
				75
합계 40	75	25	30	

이상으로 남는 동전은 4개이다. 왼쪽부터 2번째 세로열을 보면 나머지 2개의 동전 합계는 60원이다. 또 아래 끝의 가로열의 2개의 동전 합계도 60원이다. 그런데 2개의 동전으로 60원이 되는 것은 50원 동전과 10원 동전이 1개씩일 때뿐이다. 이것으로 남는 4개 중의 3개가 결정되며, 끝의 1개도 자동적으로 결정된다. 오른쪽 표는 이렇게 써넣은 최종 결과이다.

					합계
○	×	×	×	△	165
○	△	○	○	○	30
○	△	△	△	△	45
○	△	△	○	○	35
○	△	×	○	△	80
합계 25	90	125	75	40	

5장

도형의 응용문제

문제 49

아래 그림에서 바깥쪽 큰 정사각형의 한 변의 길이는 10㎝이다. 이 속에 2개의 대각선, 1개의 원, 2개의 정사각형을 그림과 같이 그리고, 사선을 그은 부분의 면적을 계산하였더니 26 ㎠가 되었다. 가장 작은 정사각형의 한 변의 길이는 얼마인가?

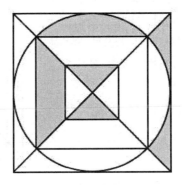

해설

사선을 그은 부분의 면적을 하나하나 계산할 필요가 있는가 어떤가 이 그림에 현혹되지 말고 잘 관찰하기 바란다.

해답

〈그림 1〉과 같이 사선을 그은 6개의 부분을 ㉠,㉡, ㉢, ㉣, ㉤, ㉥이라고 한다. 그리고 이들을 가급적 한 곳에 모이도록 이동시켜 계산을 간단하게 하는 것을 생각한다. 그러면 ㉠, ㉡, ㉢의 세 부분은 오른쪽 부채꼴 속에 넣을 수 있고, ㉣을 제외한 5개 부분으로 큰 직각삼각형이 만들어진다. 〈그림 2〉는 그런 모양을 보인 것으로 ㉣부분은 왼쪽으로 옮기고 전체를 보기 쉽게 하였다.

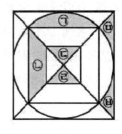

그림 1

바깥쪽 큰 정사각형의 면적은 한 변의 길이가 10㎝이므로

10×10=100(㎠)

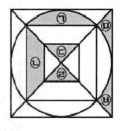

그림 2

이다. 그러면 사선을 그은 직각이등변삼각형의 면적은 1/4인 25㎠(=100×1/4)이다. 그런데 사선을 그은 부분의 합계 면적은 26㎠이다. 이 때문에 ㉣부분의 면적은

26-25=1(㎠)

이다. 그러면 가장 작은 정사각형의 면적은 이 4배인 4㎠이기 때문에 한 변의 길이는 2㎝가 된다.

문제 50

정삼각형 종이가 11장이 있다. 그것들은 한 변의 길이가 5㎝의 것이 1장, 4㎝의 것이 3장, 3㎝의 것이 4장, 2㎝의 것이 3장이다. 이들의 정삼각형을 모두 사용하여 빈틈없이 배열하여 큰 정삼각형을 만든다.

　그 정삼각형의 한 변 길이와 구체적인 배열 방식을 구하여라. 단, 겹치거나 접지 않기로 한다.

> **해설**
>
> 큰 정삼각형의 한 변의 길이는 계산으로 구할 수 있는데, 11장의 정삼각형 종이를 잘 배열하는 데는 여러 가지로 조사해 보는 수밖에 없다.

해답

한 변이 1㎝인 정삼각형의 면적
을 a라고 하고 계산한다. 그러면
한 변이 2㎝, 3㎝, 4㎝, 5㎝의 정
삼각형의 면적은 4a, 9a, 16a,
25a가 되고 한 변의 길이의 제곱
으로 나타낼 수 있다(그림 1). 이것
에서 정삼각형의 면적의 합계는

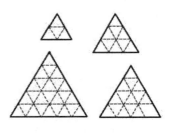

그림 1

$$(4 \times 3 + 9 \times 4 + 16 \times 3 + 25 \times 1) \times a = 121a$$

가 되어 $11 \times 11 = 121$에 주의하면 이것들을 배열한 정삼각형의 한 변
의 길이는 11㎝가 된다.

구체적인 배열 방식은 조사해 보는
수밖에 없다. 한 변이 5㎝인 정삼각형
은 어느 구석이나 중앙 부근에 놓게
되는데, 중앙 부근에서는 나머지를 잘
놓을 수 없다. 그래서 어느 구석에 놓
으면 그것의 이웃이 되는 것은 한 변
이 2㎝와 3㎝인 정삼각형이 1개씩이
다. 그러면 한 변이 4㎝인 3개의 정
삼각형의 위치가 한정되게 되어 〈그
림 2〉의 배열 방식밖에 없다는 것을 확인할 수 있다. 단, 회전이나
좌우 반전으로 겹치는 것은 같은 배열 방식이라고 생각하였다.

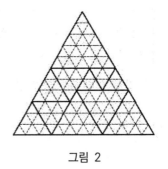

그림 2

문제 51

전부 11개의 쌓기나무가 있다. 1×1×3의 직육면체가 2개, 1×1×2의 직육면체가 □=개, 1×2×2의 직육면체가 □개, 1×1×1의 정육면체가 1개이다. 이것 모두를 사용하여 〈그림 1〉과 같은 3×3×3의 정육면체를 만들었다. 이 정육면체의 밑면이 〈그림 2〉와 같이 되어 있을 때, 배면(바로 뒷면)은 어떻게 되어 있는가? 〈그림 3〉에 선을 그어 넣어라.

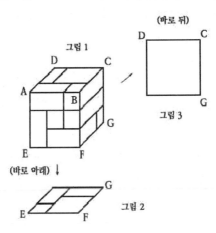

해설

중간단의 쌓기나무가 어떻게 되어 있는가를 생각한다. 문제의 조건을 잘 이용하면 결정되기 어렵던 왼쪽 뒤의 쌓기나무도 결정된다.

해답

먼저 1×1×3의 2개의 쌓기나무가 어디에 있는가를 생각한다. 1개는 중간단의 오른쪽 측면에서 볼 수 있는데, 또 1개는 윗면에서도 밑면에서도 보이지 않는다. 이 때문에 2개 모두 중간단이 되어 이웃끼리 배열되는 이외에는 불가능하다는 것을 알 수 있다.

이것으로부터 윗면에서 볼 수 있는 4개의 쌓기나무와 밑면에서 볼 수 있는 4개의 쌓기나무에는 공통의 쌓기나무는 없다.

그러면 쌓기나무는 전부 11개이므로 나머지 3개는 중간단에 있을 것이다. 이것으로 중간단의 왼쪽 안은 1×1×2의 쌓기나무로 결정되고, 윗단만의 쌓기나무를 〈그림 1〉과 같이 놓을 수 있다. 이리하여 배면은 〈그림 2〉와 같이 된다.

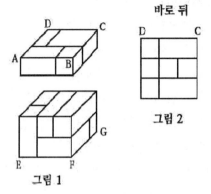

바로 뒤

그림 2

그림 1

문제 52

아래 그림과 같이 19개의 검은점이 규칙적으로 배열되어 있다. 예를 들면 그림의 세 점 A, B, C를 연결하면 정삼각형이 된다. 지금 다음과 같은 방법으로 정삼각형을 만든다.

● 3개의 꼭짓점은 19개 검은점의 어느 하나이다.

● 3개의 변은 꼭짓점 이외의 검은점을 통과하지 않는다.

정삼각형은 대, 중, 소의 세 종류의 크기의 것이 만들어지는 데, 면적의 비는 큰 순서대로 몇 대 몇 대 몇이 되는가?

```
    A •    •    •

   B •   • C    •     •

    •     •     •     •     •

      •     •     •     •

        •     •     •
```

해설

정삼각형의 내부에 검은점이 있을 때는 그것과 3개의 꼭짓점을 잘 연결하여 내부에 검은점이 없는 작은 삼각형으로 분할한다.

해답

점 A와 다른 18개의 검은점을 연결하면 도중에 검은점을 통과하지 않는 선이 11개 생긴다(그림 1). 마찬가지로 점 B와 다른 18개의 검은점을 연결하면 13개가 생기는 것을 알 수 있다. 그러나 선의 길이는 네 종류이고, 이 중 세 종류에서 정삼각형을 만들 수 있다.

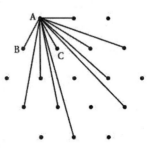

그림 1

이들 정삼각형을 내부에 몇 개의 검은 점이 포함되는가로 분류하면 0개, 1개, 3개가 된다.

지금 최소의 정삼각형의 면적을 1로 하고, 다른 두 종류의 정삼각형의 면적을 구해 본다. 내부에 1개의 검은점을 포함하는 정삼각형은 같은 꼴의 3개의 삼각형으로 나눈다(그림 2). 그러면 △DAC와 △EAC의 면적이 같으므로 이 정삼각형의 면적은 3이다. 또 내부에 3개의 검은점을 포함하는 정삼각형은 7개의 삼각형으로 나눈다(그림 3). 그러면 △FCG의 면적은 1이므로 △FAC의 면적도 1이다. 이리하여 이 정삼각형의 면적은 7이 되고 대중소의 세 종류의 정삼각형의 면적의 비는 7 : 3 : 1이 된다.

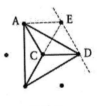

그림 2

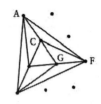

그림 3

문제 53

아래 그림은 어느 것이나 3개의 같은 정사각형으로 되어 있다. 〈그림 1〉과 같이 직선 AB에 평행한 직선으로 이 도형의 면적을 이 등분할 때의 x는 얼마인가? 또 〈그림 2〉와 같이 점 C를 지나는 직선으로 이 도형의 면적을 이등분할 때의 y는 얼마인가?

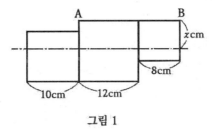

그림 1

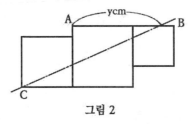

그림 2

해설

이대로도 면적을 이등분할 수 있지만 계산이 다소 까다롭다. 어디엔가 직사각형을 더하면 아주 간단명료한 모양으로 변형할 수 있다.

해답

3개의 정사각형의 면적을 더하면

$10 \times 10 + 12 \times 12 + 8 \times 8 = 308(\text{cm}^2)$

이다. 그러므로 이것을 이등분한 면적은

$308 \div 2 = 154(\text{cm}^2)$

이다.

오른쪽 그림처럼 주어진 도형의 왼쪽 위 구석에 직사각형 EDFA를 덧붙인다. 그러면 이 직사각형의 면적은

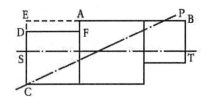

$10 \times (12-10) = 20(\text{cm}^2)$

가 되기 때문에 처음 도형의 면적을 이등분하는 것과 직사각형을 더한 새로운 도형의 상부 면적을

$154 + 20 = 174(\text{cm}^2)$

로 하는 것이 같아진다.

먼저 직선 AB에 평행한 직선으로 처음 도형의 면적을 이등분한다. 변 ST는 30cm(=10+12+8)이기 때문에 x는

$174 \div 30 = 5.8(\text{cm})$

이다.

다음에 점 C를 지나는 직선으로 면적을 이등분한다. △CEP를 생각하면 면적은 174cm²이고 변 EC는 12cm이다. 그러므로 변 EP는

$(174 \div 12) \times 2 = 29(\text{cm})$

가 되어 y는 19cm(=29-10)가 된다.

문제 54

고개 A에서 고개 B까지 가는 산길은 아래 그림과 같이 길이 나 있다. 갈림길에서는 되돌아가지 않고 반드시 나아갈 때, A 에서 B까지 가는 법은 몇 가지가 있는가?

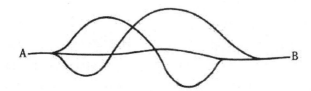

해설

갈림길은 그다지 많지 않기 때문에 시행착오가 있어도 알 아낼 수 있다. 그러나 빠짐없이 조사하기 위해서는 조직적 으로 조사할 필요가 있다.

해답

오른쪽 그림과 같이 갈림길이 있는 교차점에 C에서 H까지의 기호를 붙인다. 그리고 몇 개의 갈림길이 있는가를 괄호

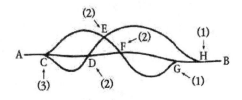

안에 기입한다. 예를 들면 C점에서는 3개의 갈림길이 있으므로 괄호 안의 수는 3이다. 또 D, E, F의 세 점에서는 일단 길이 합류하고 나서 다시 갈라져 있다. 이때는 고개 B의 방향으로의 갈림길에 주목하여 그 개수를 센다. 그러면 어느 갈림길도 2개이므로 괄호 안의 숫자는 모두 2이다. 나머지는 G, H의 두 점인데, 어느 것이나 길이 합류되어 있을 뿐이므로 괄호 안의 수는 1이 된다.

다음에 고개 B에서 고개 A까지 거슬러가서 갈림길에서는 그 바로 오른쪽 교차점에 있는 괄호 안의 수를 누계한다. 처음의 F점에서는 갈림길이 2개인데, 어느 것이나 G점으로 가는 길이다. 이 때문에 G점의 1을 2회 더하여 2로 한다. 이 값은 F점의 괄호 안에 있는 수와 같은데, 이것은 F점의 오른쪽에 갈림길이 없기 때문이다. 다음 E점에서는 H점의 1과 F점의 2를 더하여 3으로 한다. 이것은 E점에서 고개 B까지 가는 데에 세 가지 길이 있는 것을 나타낸다. 다음 D점에서는 E점의 3과 F점의 2를 더하여 5로 한다. 마지막 C점에서는 E점의 3과 D점의 5의 2배를 더하여 13으로 한다. 여기에서 D점의 5를 2배한 것은 C점에서 D점을 통하는 갈림길이 2개가 있기 때문이다. 이리하여 C점에서 고개 B까지 가는 법이 13가지가 되었으므로 고개 A에 고개 B까지 가는 법도 13가지이다.

문제 55

그림과 같이 직사각형을 9개의 정사각형으로 나누었다. 정사각형 A, B는 각각 한 변의 길이가 6㎝, 10.5㎝이다. 이 직사각형의 두 변의 길이를 구하여라.

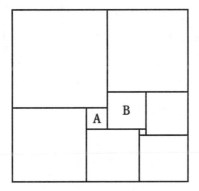

해설

이것만으로는 문제의 실마리를 잡을 수 없다. 이 때문에 예를 들면 오른쪽 위의 정사각형의 한 변의 길이를 a㎝로 놓고 해 보아라.

해답

그림과 같이 A, B 이외의 정사각형을 ㉠~㉦으로 하고 ㉠의 한 변을 a㎝로 해 본다. 그러면 ㉢의 한 변은 ㉠과 A의 차에서 (a-6)㎝, ㉡의 한 변은 (㉠과 A의 변의 합)과 B의 차에서 (a-4.5)㎝이다. 또 ㉣의 한 변은 ㉡과 B의 차로부터

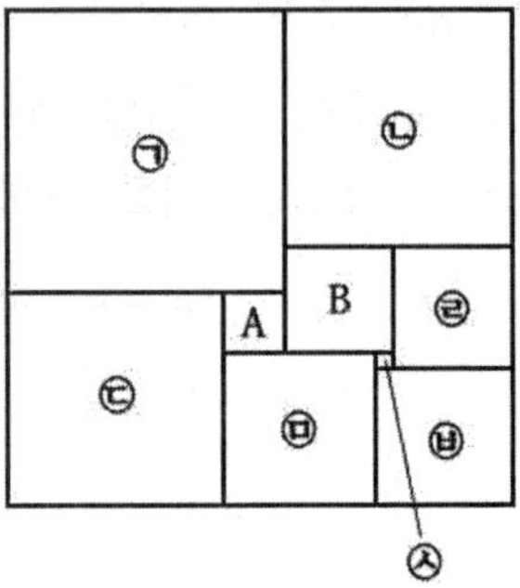

(a-4.5)-10.5=(a-15)㎝

가 되어 ㉦의 한 변은 ㉣과 B의 차로부터

(a-15)-10.5=a-25.5㎝

이다. 이리하여 ㉥의 한 변은 ㉣과 ㉦의 합으로부터

(a-15)+(a-25.5)=(2a-40.5)㎝

이다.

한편 ㉤의 한 변은 ㉢과 A의 차로부터

(a-6)-6=(a-12)㎝

가 되어 ㉥의 한 변과 ㉤과 ㉦의 차로부터

(a-12)-(a-25.5)=13.5㎝

이다. 이것으로부터 (2a-40.5)㎝와 13.5㎝가 같은 길이가 되어 a는 27㎝(={40.5+13.5}÷20)이다.

이리하여 직사각형의 두 변의 길이는

세로 : 27+(27-6)=48㎝

가로 : 27+(27-4.5)=49.5㎝

가 된다.

문제 56

아래 그림의 삼각뿔의 변의 길이는 모두 30㎝이다. 점 P는 꼭 짓점 A를 출발하여 초속 3㎝로 A→C→B→A의 순으로 변 위를 돈다. 점 Q는 꼭짓점 C를 출발하여 초속 4㎝로 C→D→A→C의 순으로 변위를 돈다. 점 R은 꼭짓점 A를 출발하여 초속 5㎝로 A→B→D→A의 순으로 변위를 돈다. 출발하고 나서 점 P와 점 Q가 처음으로 같은 변 위에 오는 것은 몇 초 후인가? 또 출발하고 나서 점 P와 점 R이 처음으로 만나는 것은 몇 초 후인가?

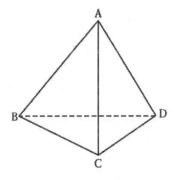

해설

점 P와 점 Q가 같은 변 위에 오는 것을 조사하는 것은 간단하지만, 점 P와 점 R이 만날 때까지의 시간을 구하는 것은 큰일이다. 각각 몇 바퀴째에 만나는가를 조사한다.

해답

점 P와 점 Q가 같은 변 위에 오는 것은 어느 쪽도 변 AC 위에 왔을 때이다. 점 P가 AC 위에 오는 것은 초속이 3㎝이기 때문에 처음에는 0초에서 10초 사이이며, 그 후는 한 바퀴 도는 데 필요한 30초(=90÷3)씩을 더한

0~10초, 30~40초, 60~70초, …

가 된다. 점 Q가 변 AC 위에 오는 것은 초속이 4㎝이기 때문에 처음은 15초(=60÷4)에서 22.5초(=90÷4) 사이이며 그 후는 한 바퀴 도는데 필요한 22.5초씩을 더한

15~22.5초, 37.5~45초, 60~67.5초, …

이다. 이 때문에 점 P와 점 Q가 처음으로 동시에 변 AC에 오는 것은 출발하고 37.5초 후이다.

점 P와 점 R이 만나는 것은 변 AB 위에서이다. 점 P가 변 AB 위에 오는 것은 위와 같은 계산을 하면

20~30초, 50~60초, 80~90초, …

이다. 또 점 R이 변 AB에 오는 것은

0~6초, 18~24초, 36~42초, …

이다. 이 때문에 점 P와 점 R이 처음으로 만나는 것은 20초에서 24초 사이이다. 그러면 변 BA 위에 올 때까지 점 P는 60㎝의 거리를 움직이고, 점 R은 90㎝의 거리를 움직이고 있다. 여기에 AB 간의 30㎝를 더한 180㎝(=60+90+30)는 점 P와 점 R의 움직인 거리의 합계이다. 점 P와 점 R의 초속의 합계는 8㎝(=3+5)이므로 이 180㎝를 초속 8㎝로 쌍방에서 접근하게 된다. 이 때문에 점 P와 점 R이 처음으로 만나는 것은 출발하고 나서 22.5초(=180÷8) 후가 된다.

문제 57

아래 그림은 변 AB가 12㎝인 삼각자 ABC를 점 B를 중심으로 점 C가 변 AB의 연장상의 점 D에 오기까지 회전시킨 것이다. 변 AC를 움직여서 만들어지는 도형(그림의 사선 부분)의 면적은 얼마가 되는가? 단, 원주율은 3.14로 한다.

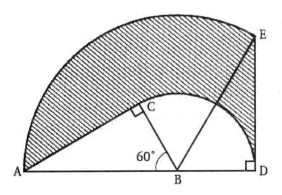

해설

이대로의 모양으로 사선 면적을 계산하는 것은 큰일이다. 그림을 수정하여 보기 쉬운 모양으로 한다.

해답

출제된 그림 그대로 사선 부분의 면적을 계산하는 것은 큰일이다. 그래서 △ABC와 △EBD를 바꿔치고 〈그림 1〉과 같이 수정한다. 그러면 사선부는 부채꼴로 변형되어 계산이 쉬워진다.

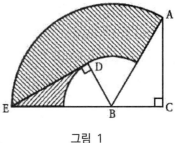

그림 1

∠ABE는 120°(=180-60)이기 때문에 이 부채꼴을 3개(=360÷120) 모으면 점 B를 한 바퀴 도는 동심원이 된다. 그래서 바깥쪽의 큰 원과 안쪽의 작은 원의 면적을 구하여 그 차를 3으로 나누어 사선부의 면적으로 한다.

〈그림 2〉와 같이 ∠BDF가 60°가 되도록 꼭짓점 D에서 DF를 긋는다. 그러면 △BDF는 정삼각형이 되어 BD=DF=FB이다. 또 ∠BDF는 직각이기 때문에 ∠FDE와 ∠FED는 30°이다. 이것에서 △FDE

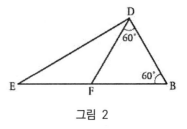

그림 2

는 이등변삼각형이 되어 FD=FE이다. 그러면 변 BD는 변 BE의 반이 되어 BE는 12cm, BD는 6cm로 결정된다. 이로부터 큰 원과 작은 원의 면적은

$$12 \times 12 \times 3.14 = 452.16(cm^2)$$

$$6 \times 6 \times 3.14 = 113.04(cm^2)$$

가 되어 사선부의 면적은

$$(452.16 - 113.04) \div 3 = 113.04\,cm^2$$

가 된다.

문제 58

아래 그림의 □ABCD는 ∠B와 ∠D가 90°이고 AB=2㎝, BC=16㎝, CD=8㎝, AD=14㎝이다. 지금 점 P는 매초 1㎝의 속도로 변 AD상을 점 A에서 점 D까지 나아간다. 또 점 Q는 매초 2㎝의 속도로 변 BC상을 점 B에서 점 C까지 나아간다. 두 점 P, Q가 동시에 출발할 때 □AQCP의 면적이 □ABCD 의 면적의 1/3이 되는 것은 출발하고 나서 몇 초 후인가?

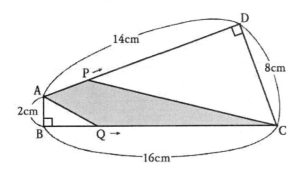

해설

□AQCP를 2개의 삼각형으로 나누고 각각의 면적이 1초마 다 어떻게 변하는가 조사한다.

해답

먼저 □ABCD의 면적을 구한다. 이 사각형을 대각선 AC로 2개로 자르면 모두 직각삼각형이다. 이 때문에 △ABC와 △ACD의 면적은 각각

$(16 \times 2) \div 2 = 16(\text{cm}^2)$

$(14 \times 8) \div 2 = 56(\text{cm}^2)$

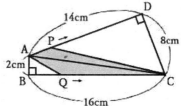

이 되어 □ABCD의 면적은 72cm^2 (=16+56)이다. 그러면 이 1/3의 면적은 $24\text{cm}^2 (=72 \div 3)$이다.

두 점 P, Q는 각각 점 A, 점 B에서 출발하기 때문에 □AQCP의 최초의 모양은 이 △ABC이다. 이 면적은 16cm^2이므로 $8\text{cm}^2 (=24-16)$ 더 증가할 때가 문제이다. 그래서 △APC를 생각하면 점 P는 매초 1em의 속도로 나아가기 때문에 이 면적은 1초마다

$(1 \times 8) \div 2 = 4(\text{cm}^2)$

씩 증가한다. 또 △AQC를 생각하면 점 Q는 매초 2cm의 속도로 나아가기 때문에 이 면적은 1초마다

$(2 \times 2) \div 2 = 2(\text{cm}^2)$

씩 감소한다. 이 때문에 2개의 삼각형을 더하면 1초마다 $2\text{cm}^2 (=4-2)$씩 증가하고 있다. 이것이 8cm^2에 도달하는 것은 출발하고 나서부터

$(24-16) \div 2 = 4(초)$

후이다.

문제 59

A지점에서 B지점으로 길이 있고(그림 A), 교차점에서 교차점까지는 모두 100m이다. 철수와 인수는 동시에 A지점을 출발하여 10분 후에 동시에 B지점에 도착하였다. 두 사람이 걷는 속도는 같고, 철수는 〈그림 B〉의 굵은 선의 길을 걸었다. 두 사람의 위치를 직선으로 연결한 거리는 시간과 더불어 〈그림 C〉와 같이 되었다. 인수가 걸은 길을 〈그림 A〉에 그려라.

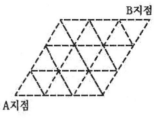

그림 A

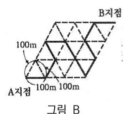

그림 B

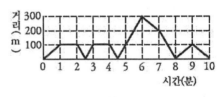

그림 C

해설

군데군데에서 두 사람의 거리가 0이 되어 있다. 이것은 두 사람이 만났다는 것이다.

해답

〈그림 C〉를 보면 가로축이 0분에서 1분까지와 8분에서 9분까지는 두 사람의 거리가 0m에서 100m로 떨어져 있다. 이것은 두 사람

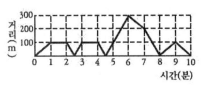

그림 C

이 같은 교차점에서 60°로 벌어진 다른 길을 나아간 것을 나타내고 있다. 그러면 9분에서 10분까지는 이것과 반대로 간 길이다. 또 6분에서 7분까지도 두 사람의 거리는 다르지만 같은 길을 걸어 접근하고 있다. 다음에 1분에서 2분까지와 3분에서 4분까지 두 사람의 거리는 일정하다. 이것은 두 사람이 평행으로 걸은 것을 나타내고 있다. 다음에 2분에서 3분까지와 4분에서 5분까지 두 사람의 거리는 처음과 시작이 100m인데, 정중간에서 0m가 되어 있다. 이것은 두 사람이 같은 길을 역방향으로 스쳐 지나갔다는 것을 나타내고 있다. 그러면 5분에서 6분까지 그 연장선상을 멀어져 가는 방향으로 걷고 있다. 또 7분에서 8분까지는 같은 길을 만날 때까지 다가서고 있다. 이상으로 0분에서 10분까지의 모든 시간대를 조사하였다.

그래서 인수가 걸은 길은 〈그림 B〉와 대비하면서 더듬어가면 ①에서 ⑩까지의 번호순으로 나아가서 〈그림 D〉가 된다.

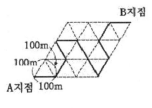

그림 B

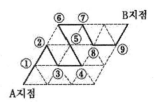

그림 D

문제 60

그림과 같은 도랑이 있다. 도랑의 바깥쪽과 안쪽은 정삼각형
으로, 바깥쪽은 3m 간격, 안쪽은 2m 간격으로 나무를 심어간
다. 그러면 어느 꼭짓점에도 나무를 심어서 합계로는 141그루
의 나무를 심었다. 바깥쪽과 안쪽의 정삼각형의 한 변에 각각
몇 그루씩의 나무를 심었는가? 단 꼭짓점에 심어진 나무도 세
는 것으로 한다.

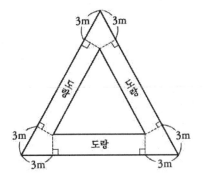

해설

이것만으로는 조건이 불충분해 보인다. 그러나 이것으로 충
분하다. 141그루의 경우를 단번에 생각하지 않고 어떤 때
에 모든 꼭짓점이 심어지는가를 생각한다.

해답

바깥쪽과 안쪽의 정삼각형의 한 변의 길이의 차는 6m이다. 이 때 문에 바깥쪽 정삼각형의 한 변에 3m 간격으로 나무를 심으면, 그것 보다 6m 짧은 안쪽의 정삼각형의 한 변에도 3m 간격으로 나무가 심 어진다. 그러면 안쪽의 정삼각형의 한 변은 2m 간격으로도 나무가 심어지므로 이 길이는 6m의 정수배가 된다.

그래서 가장 간단한 경우로서 안쪽 정삼 각형의 한 변을 6m로 해본다. 그러면 오른 쪽 그림과 같이 바깥쪽에 12그루, 안쪽에 9그루의 나무가 심어져서 합계로는 21그루 이다. 여기서 안쪽 정삼각형의 한 변의 길

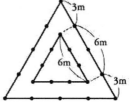

이를 6m만큼 연장하면 바깥쪽에는 6그루(=6÷3×3), 안쪽에는 9그루 (=6÷2×3)의 나무가 증가하여 합계로는 15그루의 나무가 증가한다. 그러면 그 후도 6m 연장할 때마다 15그루씩의 나무가 증가하여 합 계로는 141그루가 되는 것은 연장하는 길이를

$$\{(141-21) \div 15\} \times 6 = 48(m)$$

로 하였을 때이다. 이리하여 안쪽 정삼각형의 한 변은 6m에 48m를 더한 54m가 되고, 바깥쪽 정삼각형의 한 변은 다시 6m를 더한 60m가 된다. 그러면 거기에 심어진 나무의 수는 바깥쪽 정삼각형의 한 변이

$$(60 \div 3) + 1 = 21(그루)$$

가 되어 안쪽 정삼각형의 한 변은

$$(5442) + 1 = 28(그루)$$

가 된다.

문제 61

두 변이 3㎝와 4㎝인 직각삼각형의 종이가 많이 있다. 이 종이를 그림과 같이 같은 길이의 변을 맞추어서 빈틈없이 배열하여 등변사다리꼴(맞변이 평행이 아닌 두 변의 길이가 같은 사다리꼴)과 마름모꼴(정사각형은 포함하지 않는다)을 만든다. 모두 작은 쪽에서 세 번째 등변사다리꼴과 마름모꼴에서는 어느 쪽이 얼마만큼 큰가?

그림 △ 맞추는 법은 이 밖에도 다섯 가지가 있다.

해설

등변사다리꼴은 간단하다. 그러나 마름모꼴은 예상 밖의 것도 있다. 이 직각삼각형의 빗변이 5㎝가 되는 것을 이용한다.

해답

먼저 등변사다리꼴을 조사
한다. 최소의 등변사다리꼴
은 4개의 직각삼각형으로 만
들어지는 〈그림 1〉의 2개의
등변사다리꼴이다. 중앙의 직
사각형을 세로, 가로의 어느

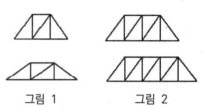

그림 1   그림 2

쪽으로 하는 가로 모양이 다른 두 종류의 등변사다리꼴이 만들어지는
데 면적은 같다. 다음에 작은 등변사다리꼴은 중앙의 직사각형의 가
로 길이를 2배로 한 것이다. 그다음은 가로를 3배로 하면 되고, 이
방법으로 면적이 작은 등변사다리꼴을 차례차례 만들 수 있다. 〈그림
2〉는 두 번째와 세 번째로 작은 등변사다리꼴을 보인 것이며 〈그림
1〉의 위의 등변사다리꼴을 가로로 길게 한 것이다. 〈그림 1〉의 아래
등변사다리 꼴로부터도 마찬가지로 만들어지는데 간단하므로 생략한
다. 이리하여 세 번째로 작은 등변사다리꼴은 8개의 직각삼각형으로
만들어진다는 것을 알 수 있다.

다음에 마름모꼴을 조사한다. 가장 작은 마름모꼴은
4개의 직각삼각형으로 만들어지는 〈그림 3〉의 마름모
꼴이다. 또 다음으로 작은 마름모꼴은 〈그림 4〉의 마
름모꼴이며 〈그림 3〉의 마름모꼴의 각 변을 2배로 한   그림 3
것이다. 이 때문에 면적은 4배(=2×2)가 된다.
그러면 그다음으로 작은 마름모꼴은 〈그림 1〉
의 각 변을 3배한 것이라고 생각된다. 이 면적
은 〈그림 1〉의 마름모꼴의 9배(=3×3)이고 거
기에 사용되고 있는 직각삼각형은 36개이다.
그러나 주어진 직각삼각형의 빗변이 5㎝가 되   그림 4
는 것에 주목하면 좀 더 작은 마름모꼴이 만들어진다.

직각삼각형의 짧은 쪽의 한 변은
3㎝이므로 그 5배는 15㎝이다. 그
러면 빗변의 3배로 15㎝이므로 어
느 쪽도 같은 길이이다. 그래서 마
름모꼴의 한쪽 변은 빗변을 3개로
만드는 것을 생각한다. 그러면 〈그
림 5〉의 마름모꼴이 만들어지고, 거

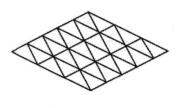

그림 5

기에서 사용되고 있는 직각삼각형의 개수는 30개가 된다. 이 때문에
〈그림 3〉의 마름모꼴의 각 변을 3배로 한 것보다도 작고 이것이 세
번째로 작은 마름모꼴이 된다.

세 번째로 작은 등변사다리꼴과 마름모꼴을 비교하면, 전자는 8개
의 직각삼각형, 후자는 30개의 직각삼각형으로 만들어져 있으므로 이
차는 22개(=30-8)이다. 그러면 직각삼각형 1개의 면적은 6㎠
(=3×4÷2)이므로 2개의 도형 면적의 차는

$$6 \times 22 = 132(㎠)$$

가 된다.

6장

수와 도형의 응용문제

문제 62

아래 그림은 세로 1㎝, 가로 1.5㎝의 직사각형의 카드 20장을 같은 방향으로 빈틈없이 배열한 것이다. 그림 속에는 여러 가지 크기의 직사각형이 만들어져 있다. 모든 직사각형을 세면 전부 몇 개가 되는가? 단, 정사각형은 포함시키지 않는다.

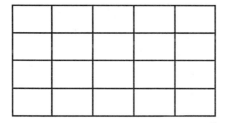

해설

이 그림 속에서 직사각형을 하나하나 세려면 난감하다. 빠진 것이 없도록 조직적으로 세는 것을 생각해야 한다.

해답

먼저 직사각형과 정사각형을 구별하지 않고 그 모두를 센다. 그러
면 이들은 그림 속의 세로선과 가로선을 2개씩 취하면 결정되므로 그
선정법을 생각한다.

세로선은 전부 6개이므로 이 중에서 2개를 고른다. 그러면 1개째는
6개 중의 어느 하나이므로 6가지, 2개째는 나머지 5개 중의 어느 하
나이므로 5가지이다. 그러면 전부 30가지(=6×5)가 될 것 같지만, 1개
째와 2개째는 반대 순서로 고를 수 있으므로 이것의 반인 15가지이
다. 다음에 가로선은 전부 5개이므로 이것에서 2개를 고른다. 그러면
1개째는 5개 중의 어느 것이므로 5가지, 2개째는 나머지 4개 중의
어느 것이므로 4가지이다. 그래서 먼저와 마찬가지로 5×4를 2로 나
눠서 10가지로 한다.

이리하여 세로선 2개의 선정법은 15가지, 가로선 2개의 선정법은
10가지가 되어 양쪽을 조합시키면 직사각형과 정사각형의 합계 개수
는 150개(=15×10)가 된다.

다음에 정사각형의 개수를 센다. 세로선과 가로선의 길이는 각각
1.5cm, 1cm이므로 이 그림 속의 정사각형은 한 변이 3cm의 것에 한정
된다. 그래서 세로 길이와 가로 길이가 3cm가 되는 2개의 선의 선정법
을 세면 세로선이 4가지, 가로선이 2가지임을 간단히 알 수 있다. 이
때문에 정사각형은 전부 8개(=4×2)가 되고 직사각형의 개수는 전부

　　150-8=142(개)

가 된다.

문제 63

1에서 15까지의 정수 중에서 각각 다른 6개의 수를 빼내서
정육면체의 각 면에 적는다. 그 적는 법은 마주 보는 2개의 면
에 적힌 수의 곱이 모두 같도록 하는 것이다. 아래 그림은 그
것의 전개도이며 1만이 기입되어 있다. 그 밖의 수를 기입하여
라. 단, 몇 가지 기입법이 있으므로 그중의 하나만이면 된다.

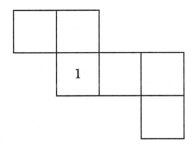

해설

마주 보는 두 면의 곱을 같게 하려면 1에서 15까지의 수
중에서는 두 수씩 3개 조의 수는 결정되어 버린다.

154

해답

1의 면과 마주 보는 면에는 2에서 15까지의 어느 한 수가 적혀 있다. 이 때문에 마주 보는 두 수의 곱은 2에서 15까지의 사이이다. 그래서 15 이하의 수에서 3가지 곱으로 표시된 것을 찾는다. 먼저 5나 7 등의 소수는 그 자체와 1의 곱으로밖에 표시되지 않으므로 실격이다. 또 2개의 소수의 곱으로 되는 14나 15 등은 14×1과 7×2, 15×1과 5×3과 같이 2가지 곱으로밖에 나타낼 수 없으므로 역시 실격이다. 그러면 나머지는 3개의 수의 곱이 되는

$2×2×2=8$

$2×2×3=12$

의 2개인데, 8은 8×1과 4×2의 2가지 곱으로밖에 나타낼 수 없으므로 이것도 실격이다. 이리하여

$12×1=6×2=4×3=12$

만이 남는다.

곱을 12라고 하면 1과 12, 2와 6, 3과 4가 마주 보게 된다. 이 중 1은 이미 기입되어 있으므로 이것으로부터 오른쪽에 2개씩 나아간 곳에 12가 들어간다. 이 이외의 기입이 없으므로 예를 들면 1의 위를 2, 1의 오른쪽을 3으로 해본다. 그러면 그림과 같이 어느 변과 어느 변이 붙는가를 순서대로 조사함

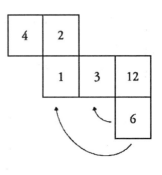

으로써 2와 마주 보는 면은 오른쪽 아래라고 알 수 있다. 그래서 나머지에 4를 기입하면 완성이다.

　A군과 B군은 동시에 자기 집을 출발하여 각각 상대방 집 앞을 지나서 책방에 갔다. 출발하고 나서 6분 후에 두 사람은 만나고, 그 4분 후에 A군은 B군의 집 앞을 지나고, 다시 15분 후에 두 사람은 동시에 책방에 도착하였다. 돌아오는 길은 두 사람이 책방을 동시에 출발하여 각각 자기 집에 곧바로 돌아간다. 두 사람이 동시에 집에 돌아가기 위해서는 B군은 갈 때의 속도의 몇 배로 걸으면 되는가? 단, A군은 갈 때와 같은 속도로 걷기로 한다.

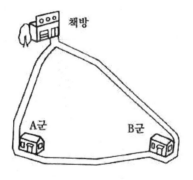

해설

물론 두 사람 모두 일정한 속도로 걷는다. 책방에서 A군, B군 집까지의 거리가 어떤 관계에 있는가 조사해야 한다.

해답

A군은 자기 집을 나서서 6분 후에 B군과 만나고, 그 4분 후에 B군 집 앞에까지 와있으므로 A군, B군의 각각의 집에서 두 사람이 만난 지점까지의 거리의 비는

6 : 4=3 : 2

이다. 이 비는 A군, B군의 걷는 속도의 비가 되어 있으므로 A군은 B군의 1.5배의 속도로 걸었다. 그러면 A군은 집을 나서고 나서 6분 후에 B군과 만났으므로 이것과 같은 거리를 B군이 걷는 데는

6×1.5=9(분)

이 걸린다. 이리하여 B군은 두 사람이 만나고 나서 A군의 집 앞에까지 9분 걸려서 걸었다.

A군은 B군 집 앞에서 책방까지 15분 걸려서 걸었으므로 두 사람이 만나고 나서부터 19분(=4+15) 후이다. 그러면 B군도 동시에 책방에 도착하였으므로 B군은 A군 집 앞에서 책방까지 10분(=19-9) 걸려서 걷고 있다. 이 거리를 A군이 걸으면

$$10 \div 1.5 = 6\frac{2}{3} (분)$$

이다. 한편 B군의 돌아가는 길은 A군이 15분 걸은 거리이므로 B군과 같은 속도로 걸으면 22.5분(=15×1.5)이 걸린다. 이 때문에 이것을 $6\frac{2}{3}$분 걸려서 가는 데는

$$22.5 \div 6\frac{2}{3} = 3\frac{3}{8} (배)$$

의 속도로 걸어야 한다.

문제 65

아래 그림은 주고쿠(中國) 지방의 지도이고, A, B, C, D, E는
5개의 현(縣)을 나타낸다. 이들 5개의 현을 청, 적, 황의 3색으
로 나눠 칠할 때, 이웃하는 현을 다른 색으로 구별하면 칠하는
방법이 전부 몇 가지 있는가? 또 7개의 흰 바둑돌을 5개의 현
위에 놓으려고 하면 놓는 방식이 전부 몇 가지가 있는가? 단,
어느 현에도 최저 1개의 바둑돌을 놓기로 한다.

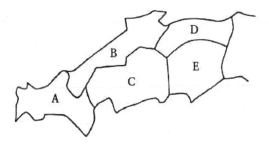

해설

어느 쪽도 가능한 조합을 조사하는 문제인데 3색으로 칠하
는 방식과 7개의 바둑돌을 놓는 방식은 문제의 성질이 조
금씩 다르다.

해답

A, B, C의 세 현은 서로
이웃하므로 모두 다른 색이
어야 한다. 그러면 B, C, D
의 세 현도 서로 이웃하므로
D는 A와 같은 색이 된다.
그러면 C, D, E의 세 현도
서로 이웃하므로 E는 B와 같

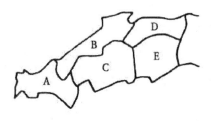

은 색이 된다. 이리하여 A, B, C의 세 현을 3색으로 나눠서 칠하지
않으면 나머지 두 현의 색은 필연적으로 결정된다. 그런데 A, B, C를
3색으로 나눠 칠하는 방법은 먼저 A를 3색의 어느 것으로 하면 B는
나머지 2색 중의 어느 쪽이 되어 6가지(=2×3)이다. 이것은 5개의 현
을 나눠 칠하는 방식이다.

다음에 5개의 현에 7개의 바둑돌을 놓는 문제를 생각한다. 어느 현
이든 최저 1개의 바둑돌을 놓아야 하므로 맘대로 놓을 수 있는 것은
나머지 2개이다. 이 2개를 같은 현 위에 놓으면 그 놓은 방식은 5가
지, 다음의 바둑돌 놓는 방식이 4가지가 되어 전부 20가지(5×4)가 될
것 같다. 그러나 이것은 A에 놓고 나서 B에 놓는 것과 B에 놓고 나
서 A에 놓는 것이 다른 방식이 된다. 마찬가지 일은 어느 두 현에 대
해서 말할 수 있으므로 20가지를 2로 나눈 10가지가 올바른 값이다.
이 때문에 앞의 5가지를 더하면 합계는 15가지가 된다.

문제 66

* 아래 그림은 중심이 같고 반지름이

1㎝, 2㎝, 3㎝, …, 9㎝

인 9개의 원이다. 가장 안쪽에 있는 원의 면적을 ①, 반지름 1 ㎝와 반지름 2㎝의 원에 둘러싸인 부분의 면적을 ②, 반지름 2 ㎝와 반지름 3㎝의 원에 둘러싸인 부분의 면적을 ③으로 하고, 이하도 마찬가지로 ④, ⑤, …, ⑨로 한다.

①에서 ⑨까지를 3개씩의 3조로 나누고 각각의 면적의 총합이 같아지게 하려면 어떻게 나누면 되는가? 그 모든 경우를

〈예〉 ①+②+③, ④+⑤+⑥, ⑦+⑧+⑨

와 같은 기록법으로 나타내라.

해설

먼저 ①에서 ⑨까지의 면적을 구한다. 단, 상대적인 크기이면 충분하므로 (반지름)×(반지름)×(원주율)이라는 정확한 계산은 불필요하다.

해답

①~⑨의 면적은 상대적인 면적이면 충분하므로 반지름 1㎝의 원 ①을 기준으로 하고 그 면적을 1이라고 한다. 그러면 반지름 2㎝의 원의 면적은 2×2, 반지름 3㎝의 원의 면적은 3×3이 되고, 이하도 4×4, 5×5, …, 9×9가 된다. 이 때문에 ②에서 ⑨까지의 면적은

②=2×2-1=3
③=3×3-2×2=5
④=4×4-3×3=7
$\vdots$ $\vdots$ $\vdots$
⑨=9×9-8×8=17

이 되어 홀수를 작은 순서로 배열한 것이 된다. 이 합계는 81(=1+3+5+…+17)이므로 3개씩의 3조로 등분하였을 때의 면적은 27(=81÷3)이다.

먼저 ①을 포함하는 조를 생각하면 나머지 면적은 26이므로 조합은 ⑤와 ⑨(면적은 9와 17)나 ⑥과 ⑧(면적은 11과 15)의 어느 쪽이다. ①과 ⑤와 ⑨에 대해서 나머지는 ②, ③, ④, ⑥, ⑦, ⑧의 6개가 되어 ②(면적은 3)를 포함하는 조의 상대는 ⑥과 ⑦(면적은 11과 13)밖에 없다는 것을 알게 된다. 또 ①과 ⑥과 ⑧에 대해서 나머지는 ②, ③, ④, ⑤, ⑦, ⑨의 6개가 되어 ②를 포함하는 조의 상대는 ④와 ⑨(면적은 7과 17)밖에 없다는 것을 알게 된다. 이리하여 어느 쪽도 1가지가 되어

①+⑤+⑨, ②+⑥+⑦, ③+④+⑧
①+⑥+⑧, ②+④+⑨, ③+⑤+⑦

의 조합을 얻을 수 있다.

문제 67

변 BC와의 각도가 45°인 방향에 꼭짓점 B로부터 볼을 발사하였다. 볼은 벽에 부딪히면 들어온 각도와 같은 각도로 튕긴다. 아래 그림은 처음에 튕겨진 데까지의 경로인데, 볼은 차례차례로 튕겨서 마지막에는 직사각형의 어느 점인가의 꼭짓점에 도달한다. 직사각형의 세로, 가로의 비를 4 : 5로 하고 그 꼭짓점에 도달하기까지의 경로를 정확히 써넣어라. 또 볼이 나아간 거리는 얼마가 되는가? 단, 꼭짓점 B에서 E까지의 거리는 15 ㎝라고 한다.

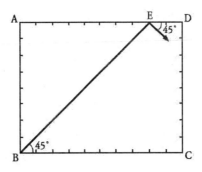

해설

이 문제에서 볼의 크기는 0으로 생각한다. 볼의 경로를 써넣는 것은 간단하다. 그러나 나아간 거리를 구하는 데는 다소의 기교가 필요하다.

162

해답

벽에 부딪힌 볼은 들어간 각도와 같은 각도로 나가게 되므로 언제나 들어온 방향과 직각으로 휜다. 이 때문에 벽에 부딪히는 점을 다음과 같이 구하면 오른쪽 그림과 같이 E, F, G, H, I, J, K의 각 점이 되어 마지막에는 꼭 짓점 A에 도달한다.

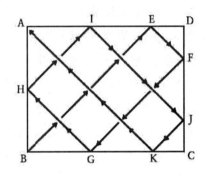

이 사이에 나아간 거리를 구하는 데는

BE, EF와 FG, GH와 HI, IJ와 JK, KA

의 5조로 나눠서 생각한다. 그러면 어느 조도 평행인 두 변 AD, BC 사이를 상하로 1회만 나아간다. 또한 그 방향은 오른쪽이나 왼쪽의 어느 쪽으로 45°의 각도이므로 그 사이에서 직각으로 휘어도 나아간 거리에는 영향을 미치지 않는다. 이 때문에 각각의 조가 나아간 거리는 모두 같은 길이이다. 그런데 BE의 거리는 15㎝이므로 이들 5조의 거리의 합계는

15×5=75(㎝)

가 된다.

문제 68

37×33이나 26×24를 계산하는 데에 아래와 같은 방법이 있다. 37×33의 경우에 대하여 이 계산 방법이 올바르다고 알 수 있게 오른쪽 그림의 타일을 변경하라. 또 이 계산을 이용할 수 있는 두 자리끼리의 곱셈은 몇 가지가 있는가?

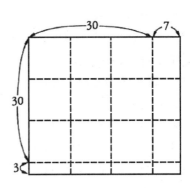

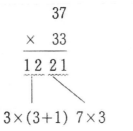

$$3 \times (3+1) \quad 7 \times 3$$

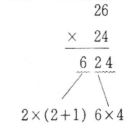

$$2 \times (2+1) \quad 6 \times 4$$

해설

두 자리끼리의 곱셈을 암산으로 할 수 있는 재미있는 방법이다. 타일의 간단한 변경으로 설명할 수 있다.

해답

이 방법을 보면 37×33의 예에서는 다음과 같은 계산을 하고 있다. 먼저 일의 자리끼리의 7×3의 곱셈을 하여 곱의 21을 아래 2자리에 쓴다. 다음에 십의 자리의 3과 그것보다 1만큼 많은 4를 곱하여 곱의 12를 위 2자리에 쓴다. 그러면 아래 2자리와 위 2자리를 합친 1221이 답이다.

지금 37×33의 곱셈을 가로가 37, 세로가 33의 직사각형의 면적을 구하는 문제로 바꿔 놓는다. 그러면 출제의 그림과 같이 10×10의 타일이 9장, 10×7과 10×3의 타일이 3장, 7×3의 타일이 1장이고 이 직사각형은 쫙 깔

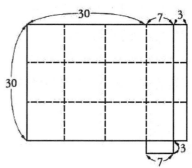

려 있다. 그래서 10×3의 3장의 타일을 아래 끝에서 오른쪽 끝으로 이동하여 위 그림과 같이 변경한다. 그러면 7×3의 타일 1장이 오른쪽 아래에 남을 뿐이고 그 밖의 타일은 모두 40×30의 직사각형으로 들어간다. 이 때문에

$$37 \times 33 = 30 \times 40 + 7 \times 3$$

의 계산이 성립된다.

이 계산을 사용할 수 있는 것은 십의 자리가 같은 수이고 일의 자리의 합이 10이 되는 두 자리의 곱셈이다. 그러면 십의 자리의 수는 1에서 9까지의 9가지, 일의 자리는

1과 9, 2와 8, 3과 7, 4와 6, 5와 5

의 5가지이므로 전부 45가지(=9×5)의 곱셈에 사용할 수 있다.

세로 2㎝, 가로 4㎝의 직사각형의 둘레 위에 1에서 12까지의 번호의 점이 1㎝마다 찍혀 있다. 처음에 세 점 A, B, C는 4, 8, 12의 번호의 점에 있고, 시곗바늘과 반대 방향으로 1㎝씩 이동시킨다. 세 점이 한 바퀴를 돌아서 원래 위치로 되돌아올 때까지 △ABC는 직각삼각형으로 몇 번 되는가?

지금 1회와 이동하는 곳마다 세 점 위치의 번호를 크기 순서로 배열하고 가운데 수를 고른다. 예를 들면 2회의 이동에서 번호는 5, 9, 1과 6, 10, 2가 되므로 가운데 수는 5와 6이다. 16회의 이동으로 고른 수의 합은 얼마가 되는가?

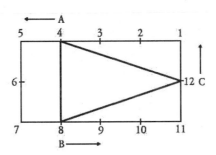

해설

삼각형의 회전 방식에 하나의 특징이 있다. 이것을 찾아내면 전체의 예측이 쉽게 얻어진다.

해답

1회째의 이동으로 세 점 A, B, C의 번호는 5, 9, 1이 되고 직각 이등변삼각형이 된다. 2회째의 이동으로 세 점의 번호는 6, 10, 2가 되어 처음 삼각형의 좌우를 바꾼 것이 된다. 그러면 그 후에도 같은 일이 되풀이되므로 직각이등변삼각형과 그렇지 않은 삼각형이 교대로 나타난다. 이리하여 12회의 이동으로 직각삼각형이 6회(=12÷2) 나타 난다.

다음에 가운데 수를 조사한다. 1회째의 이동으로 세 점의 번호는 5, 9, 1이 되어 가운데 수는 A의 번호의 5이다. 그래서 A의 번호가 가운데 수가 되는 것은 어디까지인가를 조사하면 B의 번호가 1이 되 는 직전까지의 4회이다. 이 사이에 가운데 수는 {5, 6, 7, 8}로 변한 다. 그런데 4회의 이동을 한 후의 삼각형은 A가 B의 위치에, B가 C 의 위치에, C가 A의 위치에 이동할 뿐이고 삼각형의 모양은 같다. 이 때문에 가운데 수를 선정하는 한, 다음은 같은 일의 반복이다. 이리하 여 가운데 수는 {5, 6, 7, 8}을 몇 번이나 되풀이한다. 그러면 16회의 이동에서는 가운데 수는 {5, 6, 7, 8}을 4회(=16÷4) 되풀이하게 되어 그 합은

$$(5+6+7+8) \times 4 = 104$$

이다.

문제 70

〈그림 Ⅰ〉과 같은 직육면체의 수조가 있고, 내부에 30㎝ 높이의 칸막이가 있다. A, B의 수도꼭지로부터 다른 양의 물이 매분 일정량씩 수조에 들어간다. 이때 시간과 높이를 그래프로 만든 것이 〈그림 Ⅱ〉이다. A, B 수도꼭지에서 나오는 물의 양은 각각 매분 몇 ℓ씩인가?

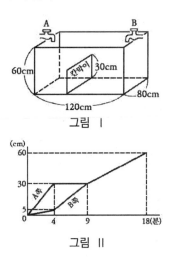

그림 Ⅰ

그림 Ⅱ

해설

먼저 2개의 수도꼭지에서 나오는 물의 양의 합계를 구하고, 그것으로부터 칸막이의 좌우의 길이를 계산한다. A, B의 각각의 수도꼭지에서 나오는 물의 양은 그다음에 구한다.

해답

〈그림 Ⅱ〉의 그래프를 보면 9분에서 18분까지의 9분 동안에 수면의 높이는 30㎝에서 60㎝로 올라가 있다. 이 사이에 수조로 들어가는 물의 양은

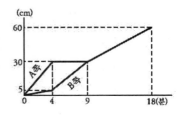

$$120 \times 80 \times (60-30) = 288,000(㎤)$$

이고, 리터로 하면 288ℓ 이다. 이 때문에 A와 B의 2개의 수도꼭지를 합치면 1분 동안에 나오는 물의 양은

$$288 \div 9 = 32(ℓ)$$

이다. 그런데 담기 시작하고 4분 후에 A쪽의 수면은 30㎝에 이른다. 이 때문에 4분에서 9분까지의 5분 동안에 모든 물이 B쪽으로 들어간다. 이 사이에 나오는 물의 양은 160ℓ(=32×5)이며, B쪽 수면의 높이는 25㎝(=30-5)가 올라간다. 이것으로부터 B쪽의 가로의 길이는

$$160000 \div (80 \times 25) = 80(㎝)$$

가 된다. 그러면 A쪽의 가로의 길이는

$$120 - 80 = 40(㎝)$$

가 되어 처음의 4분 동안에 A쪽에 들어가는 물의 양은

$$40 \times 80 \times 30 = 96,000(㎤)$$

이다. 이 때문에 A 수도꼭지로부터는 매분

$$96 \div 4 = 24(ℓ)$$

의 물이 나오게 되고, B 수도꼭지로부터는 매분

$$32 - 24 = 8(ℓ)$$

의 물이 나온다.

문제 71

아래 그래프는 형은 매분 80m, 동생은 매분 50m로 친구 A
군의 집으로 걸어간 모양을 나타내고 있다. 형은 도중에 잊어
버린 물건이 생각나서 그 자리에서 같은 속도로 집으로 되돌아
서 곧 자전거로 A군 집으로 향했다. 형은 A군 집에 처음 예정
보다 3분 늦게 도착하였는데, 동생보다는 7분 48초 일찍 도착
하였다.

그래프의 ㉠, ㉡에 해당하는 수는 얼마인가? 또 자전거의 속
도는 매분 몇 m였는가?

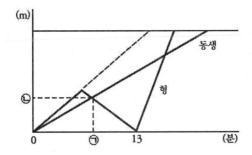

해설

이 그래프로부터 형이 되돌아간 곳과 A군 집까지의 거리를
알 수 있다. 뒤의 계산은 그것을 사용한다.

해답

형은 13분 후에 집에 되돌아갔으므로 편도로는 6분 30초이다. 그래서 매분 80m의 속도로 걷다가 잊은 물건이 생각난 곳은 집에서 520m(=80×6.5)의 지점이 된다. 그러면 형은 돌아가는 길에 동생과 만났으므로 두 사람이 만날 때까지 걸은 거리의 합계는 1,040m(=520×2)이다. 이 거리를 두 사람은 매분 130m(=80+50)의 비율로 접근하므로 만날 때까지의 시간은 8분(=1040÷130)이다. 그러면 동생은 매분 50m의 속도로 걸었으므로 만날 때까지 400m(=50×8)를 걸었다. 이리하여 ㉠는 8, ㉡은 400이다.

형은 매분 80m, 동생은 매분 50m의 속도이므로 형이 1분 동안에 걷는 거리를 동생은 1.6분(1분 36초) 동안 걷는다. 그래서 80m마다 36초의 차가 생긴다. 그런데 두 사람 모두 예정대로 A군 집에 도착하면, 형은 실제로 도착했을 때보다 3분 빨리, 동생은 7분 48초 늦어진다. 두 사람의 차는 10분 48초(=3분+7분 48초)이고 초로 고치면 648초이다. 그러면 80m마다 36초의 차가 생기므로 집에서 A군 집까지의 거리는

$$(648 \div 36) \times 80 = 1,440(m)$$

가 된다. 그러면 동생이 A군 집에 도착하기까지는

$$(1440 \div 50) = 28.8(분) = 28분 \ 48초$$

이다. 형은 그 7분 48초 전에 A군 집에 도착하였으므로 걸린 시간은 21분(=28분 48초-7분 48초)이다. 그중의 13분은 집에 되돌아가기까지의 시간이므로 자전거를 탄 순수 시간은 8분(=21-13)이다. 이 사이에 1,440m를 달렸으므로 자전거의 속도는 매분 180m(=1440÷8)이다.

문제 72

아래 그림과 같이 원판 위에 2개의 바늘이 있고, 시곗바늘과 같은 방향으로 움직인다. 길이 5㎝의 긴 바늘은 1시간에 1회전, 길이 4㎝의 짧은 바늘은 2시간에 1회전 한다. 그림의 위치에서 움직이기 시작하여 긴 바늘이 지나간 부분을 A, 짧은 바늘이 지나간 부분을 B라고 한다.

A와 B의 겹침을 A에서 제외한 부분의 면적이 B의 면적의 3배가 되는 것은 움직이기 시작하고 나서 몇 분 후인가?

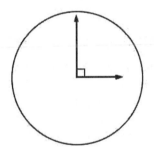

해설

상당한 난문으로 문제의 의미를 잘 정리하지 않으면 미로에 들어가 버린다. A와 B에 겹침이 생길 때까지의 처음 15분간과 그 후의 시간을 나눠서 생각한다.

해답

긴 바늘의 길이는 짧은 바늘 길이의 $\frac{5}{4}$배, 움직이는 속도는 2배이므로 짧은 바늘이 움직이는 면적을 1이라고 하면 긴 바늘이 1분간 움직이는 면적은

$$\frac{5}{4} \times \frac{5}{4} \times 2 = \frac{25}{8} = 3\frac{1}{8}$$

이다. 이것은 3을 초과하고 있으므로, A와 B가 겹침이 생기는 15분 이후를 생각한다.

처음 15분간 긴 바늘이 지나는 부분의 면적은

$$3\frac{1}{8} \times 15 = 46\frac{7}{8}$$

으로 짧은 바늘이 지나는 부분의 면적의 3배는 45(=15×3)이다. 이 차는 $1\frac{7}{8}$이므로, 이것을 15분 이후에 해소하는 것을 생각한다. 긴 바늘은 1분간에 $3\frac{1}{8}$의 면적을 지나가는데, 그중의 2의 면적은 이미 짧은 바늘이 2분 동안 지나가고 있다. 이 때문에 긴 바늘만 지나는 부분의 면적은

$$3\frac{1}{8} - 2 = 1\frac{1}{8}$$

이다. 한편, 짧은 바늘이 1분간 지나는 부분의 면적의 3배는 3이므로, 앞과의 차는 1분간

$$3 - 1\frac{1}{8} = 1\frac{7}{8}$$

씩 축소된다. 그런데 이 축소하고 싶은 차이 자체도 $1\frac{7}{8}$이므로 1분 후에 차이는 해소된다. 이것은 두 바늘이 움직이기 시작하고 나서 16분 후이다.

문제 73

〈그림 1〉과 같이 깊이가 50cm의 원기둥 용기 바닥에 사각기둥의 쇳덩이가 들어 있다. 지금, 이 용기에 일정한 비율로 물을 넣는다. 〈그림 2〉는 용기 상부로부터 수면까지의 깊이가 시간과 더불어 어떻게 변하는가를 그래프로 만든 것이다. 사각기둥의 높이는 몇 cm인가? 또 사각기둥의 부피는 이 용기 부피의 몇 분의 몇인가?

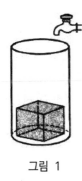

그림 1

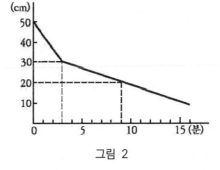

그림 2

해설

꼼꼼히 생각하면 풀 수 있다. 이것에서 용기에 물이 가득 차기까지의 시간을 조사하고, 다시 사각기둥의 단면적과 용기의 단면적의 비를 구할 필요가 있다.

해답

그림을 보면 50㎝에서 30㎝ 까지는 3분 동안 20㎝의 높 이로 물이 들어가고 있다. 그 후는 10㎝(=30-20) 높아 지는 데 6분(=9-3)이 걸리고 있다. 이것은 쇳덩이가 들어 갔기 때문이며 사각기둥의 높이는 20㎝이다.

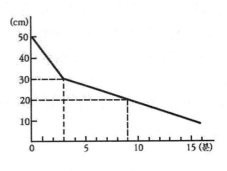

다음에 물이 용기에 가득 차기까지의 시간을 구한다. 그것은 그림 의 그래프를 오른쪽으로 연장하였을 때, 가로축과 교차하기까지의 시 간이다. 쇳덩이가 물에 들어간 후의 수면은 6분 동안 10㎝씩 올라가 므로, 30㎝는 18분(=6×3)이다. 이 때문에 넣기 시작하고 나서부터는 21분(=3+18)이다.

한편, 쇳덩이가 없으면 용기의 높이는 50㎝이므로 가득 차기까지 30분(=6×5)이 걸린다. 이것과 21분과의 차인 9분(=30-21)은 쇳덩이가 들어가 있었기 때문이며 쇳덩이의 부피와 용기의 부피의 비는

9 : 30=3 : 10

이다. 그리하여 사각기둥의 부피는 용기 부피의 3/10이 된다.

문제 74

그림과 같은 조깅 코스가 있다. 철수는 A지점에서 매초 5m
의 속도로 달리기 시작하여 AB 간을 몇 번이나 왕복한다. 인
수는 P지점에서 매초 4m의 속도로 동시에 달리기 시작하여 P
→R→Q→P 코스를 몇 번이나 돈다. P→R→Q의 거리가 180m
일 때, 두 사람이 PQ 사이에서 처음으로 엇갈리는 것은 달리
기 시작하고 나서 몇 분 몇 초 후인가? 또, 철수가 인수를 PQ
사이에서 처음으로 추월하는 것은 달리기 시작하고 나서 몇 분
몇 초 후인가?

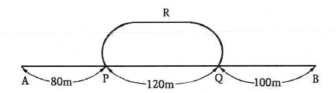

해설

문제를 잘 정리하지 않으면 대단히 복잡한 계산이 된다.
두 사람이 엇갈린다는 것은 어떤 일인가, 추월한다는 것은
어떤 일인가를 꼼꼼히 생각해야 한다.

해답

AB 간의 왕복 거리는

$(80+120+100) \times 2 = 600 (m)$

이므로, 철수가 PQ 사이를 P→Q 방향으로 달리는 것은 처음이 80m 에서 200m(=80+120) 사이이며, 그 후는 600m씩 더한

80m~200m, 680m~800m, 1,280m~1,400m, …

의 거리에 있을 때이다. 철수의 초속은 5m이므로 경과 시간은 16 초~40초, 136초~160초, 256초~280초, …

이다. 한편 P→R→Q→P를 한 바퀴 도는 거리는

$180+120=300 (m)$

이므로, 인수가 PQ 사이를 Q→P 방향으로 달리는 것은 처음이 180m에서 300m 사이이고, 그 후는 300m씩을 더한

180m~300m, 480m~600m, 780~900m, …

의 거리에 있을 때이다. 인수의 초속은 4m이므로 경과 시간은

45초~75초, 120초~150초, 195초~225초, …

이다.

두 사람이 처음으로 엇갈리는 것은 PQ 간의 경과 시간이 처음으로 일치할 때이며, 철수가 두 번째 왕복인 136초~160초, 인수가 두 바 퀴째인 120초~150초이다. 이 시간을 정확하게 구하는 데는 두 사람 이 달린 거리의 합을 구한다. 철수는 두 번째 왕복의 P→Q 사이에 들어가기까지 680m(=600+80)를 달리고, 인수는 두 바퀴째의 Q→P 사이에 들어가기까지 480m(=300+180)를 달리고 있다.

이것에 두 사람이 달린 PQ 사이의 120m도 더하면 거리의 합계는

$680+480+120=1,280 (m)$

이다. 이것을 두 사람 합쳐 초속 9m(=5+4)로 달리므로 걸리는 시간은

$$1280 \div 9 = 142\frac{2}{9}(초)$$

이다. 이것은 두 사람이 달리기 시작하고 나서 2분 $22\frac{2}{9}$ 초 후에 처음으로 엇갈린 것을 의미한다.

다음에 철수가 PQ 사이를 Q→P 방향으로 달리는 것은 처음 400m (=300+100)에서 520m(=400+120) 사이이므로 그 후는 600m씩을 더한

400m~520m, 1,000m~1,120m, 1,600m~1,720m, …

의 거리일 때이다. 이것을 경과 시간으로 고치면 80초~104초,

200초~224초, 320초~344초, …

이다. 철수가 인수를 처음으로 추월하는 것은 Q→P 사이를 달리는 두 사람의 경과 시간이 처음으로 일치할 때이므로, 철수가 두 번째 왕복인 200~224초, 인수가 세 바퀴째인 195초~225초이다. 이 시간을 정확하게 구하는 데는 두 사람이 달린 거리의 차를 구한다. 철수는 두 번째 왕복의 Q→P 사이에 들어가기까지 1,000m(=600+400)를 달리고, 인수는 세 바퀴째의 Q→P 사이에 들어가기까지 780m(=300×2+180)를 달리고 있다. 이들의 차는 220m(=1000-780)이다. 그런데 철수는 1초간에 1m(=5-4)의 비율로 인수를 따라잡고 있다. 그러면 220m에서는 220초가 되어 환산하면 3분 40초가 걸린다.

7장

수의 고급 응용문제

276, 456, 576의 세 정수를 어떤 정수로 나눴다니 나머지가 모두 같아졌다. 나머지는 0이 아니라고 하면 어떤 정수로 나눴는가? 그 모두를 구하여라.

해설

나머지를 1, 2, 3, … 식으로 순차적으로 조사하면 답이 나온다. 그러나 이것으로는 계산이 어렵다. 더 능률적인 방법을 생각해야 한다.

해답

먼저 어떤 정수로 나눴을 때, 나머지가 같아지는 것의 의미를 생각한다. 이 때문에 극히 간단한 정수로 조사한다. 예를 들면 83과 53을 10으로 나누면 나머지는 어느 쪽이나 3이 된다. 이것은

83-3=80, 53-3=50

이 10으로 나눠진다는 것이다. 그러면 이 차인

80-50=30

도 10으로 나눠진다. 그런데 이 차는

83-53=30

에서도 나온다. 이리하여 어떤 정수로 나눈 나머지가 같아진다는 것은 나눠지는 정수의 차가 그 정수로 나눠진다는 것임을 알게 된다.

그래서 276, 456, 576의 차를 구하고 각각을 소수의 곱으로 분해하면

$576-456=120=2 \times 2 \times 2 \times 3 \times 5$
$456-276=180=2 \times 2 \times 3 \times 3 \times 5$
$576-276=300=2 \times 2 \times 3 \times 5 \times 5$

가 된다. 이것에서 구하는 정수는 120, 180, 300이 모두 나눠지는 정수 중에 있다. 이것은 앞의 3개의 차에 공통으로 포함되는 60(=2×2×3×5)이 나눠지는 정수이며 작은 순서로 적으면

1, 2, 3, 4, 5, 6, 10, 12, 15, 20, 30, 60

의 12개이다. 이 중 276, 456, 576을 나눈 나머지가 0이 되지 않는 것은

5, 10, 15, 20, 30, 60

의 6개이다.

문제 76

2×2×2의 곱셈을 2※3으로 나타내는 것과 같이 같은 수의 곱셈을 기호 ※를 사용하여 나타내기로 한다. 그러면 3※5는 3×3×3×3×3의 곱셈을 나타내게 된다.

7※50을 계산하였을 때, 일의 자릿수는 얼마가 되는가? 또, 13※13을 계산하였을 때, 일의 자릿수는 얼마가 되는가?

해설

실제로 7※50을 계산하거나 13※13을 계산하는 것은 불가능하다. 그러나 일의 자릿수를 구하는 것만이라면 간략한 계산법을 생각해낼 수 있다.

해답

먼저 7※50을 생각한다. 7을 50회나 곱하는 것은 복잡하므로, 처음에 몇 번 곱하면

$$7 \times 7 = 49, \qquad 7 \times 7 \times 7 = 343, \qquad 7 \times 7 \times 7 \times 7 = 2401$$

이다. 이것을 보면 십의 자리 이상은 생략하고 일의 자리만 보면

$$7 \times 7 = 49 \rightarrow 9, \qquad 7 \times 9 = 63 \rightarrow 3, \qquad 7 \times 3 = 21 \rightarrow 1$$

로 일의 자리는 같은 수이다. 더욱이 7을 4회 곱하면 일의 자리의 수는 1이다. 그러면 7을 8회나 12회 곱해도 4의 배수 회이면 일의 자리는 역시 1이다. 그래서 50을 4로 나누고 나머지를 본다. 그러면

$$50 \div 4 = 12 \quad \cdots\cdots \quad \text{나머지 } 2$$

가 되므로 7을 50회 곱해도 단지 2회 곱해도 일의 자리는 같은 수 9가 되는 것을 알게 된다.

다음에 13※13을 생각한다. 일의 자릿수에 대해서는 이것과 3※13은 같으므로 처음의 몇 개를 곱하면

$$3 \times 3 = 9, \qquad 3 \times 9 = 27 \rightarrow 7, \qquad 3 \times 7 = 21 \rightarrow 1$$

이다. 이것에서 3을 4회 곱하면 일의 자리는 1이 된다. 그래서 13을 4로 나누고 나머지를 본다. 그러면

$$13 \div 4 = 3 \quad \cdots\cdots \quad \text{나머지 } 1$$

이 되므로 3을 13회 곱해도 단지 1회 곱해도 일의 자리는 같은 수 3이 된다.

이리하여 7※50과 13※13의 일의 자리는 각각 9, 3으로 결정된다.

문제 77

A, B, C의 세 종류의 구슬이 있다. 각각의 구슬 1개의 무게와 개수는 아래 표와 같다.

이들 59개 중에서 몇 개를 골라서 무게를 쟀더니 204g이었다. A, B, C 구슬이 몇 개씩이겠는가? 생각할 수 있는 경우를 모두 나타내 보아라.

종류	1개의 무게(g)	개수
A	5.7	19
B	5.0	20
C	3.3	20

해설

상당한 난문이다. 잘 정리해서 생각하지 않으면 누락이 생긴다. A구슬과 C구슬의 개수의 차를 생각하고 가능한 경우로 줄이도록 한다.

해답

A와 C는 소수점 이하가 각각 0.7g, 0.3g이므로 이 끝수를 없애는 데는 같은 수나 차가 10의 배수이다. 더욱이 B의 합계는 최고 100g(=5×20)이므로 A와 C는 최저 104g, 최고 171g(=5.7×19+3.3×19)이 필요하다. 이하에서는 경우를 나눠서 생각한다.

A와 C가 같은 수이면 9g(=5.7+3.3)씩 증가하므로 일의 자리가 4나 9가 되는 104 이상, 171 이하의 9의 배수를 조사한다. 이것은 144뿐이므로 16개(=144÷9)씩이라고 결정된다. 또 B는 나머지 60g(=204-144)을 5g으로 나눠서 12개가 된다.

A가 C보다 10개 많으면 A의 10개 무게는 57g이므로, 나머지는 147g(=204-57)이다. 그래서 일의 자리가 2나 7이 되는 47(=104-57) 이상, 114(=171-57) 이하인 9의 배수를 조사하면 72의 1개뿐이다. 이것에서 C는 8개(=72÷9), A는 18개(=8+10)로 결정되고 B는 나머지 75g(=204-5.7×18-3.3×8)을 5g으로 나눠서 15개가 된다.

C가 A보다 10개 많으면 C의 10개의 무게는 33g이다. 나머지는 171g(=204-33)이므로 일의 자리가 1이나 6이 되는 71(=104-33) 이상, 138(=171-33) 이하의 9의 배수를 조사한다. 그러면 81과 126의 2개인데 126으로는 C가 다시 14개(=126÷9)나 증가해서 합계 24개나 필요하게 된다. 그래서 81이라고 하면 A가 9(=81÷9), C가 19개로 결정되고, B는 나머지 90g(=204-33-81)을 5g으로 나눠 18개가 된다. 이상이 가능한 모든 조합이다.

문제 78

세 가지 식염수 A, B, C가 있고 그 농도는 각각 20%, 15%, 5%이다. 이들 식염수를 모두 섞으면 13%의 식염수가 1kg 만들어진다. 식염수 B와 식염수 C의 무게비는 1 : 2이다. 식염수 A와 식염수 C를 섞어서 13%의 식염수를 될 수 있는 대로 많이 만들면 전부 몇 g이 만들어지는가?

해설

식염수 B와 식염수 C의 무게에 대해서는 각각 농도의 %와 무게의 비만 알고 있다. 그래서 먼저 이 두 가지를 섞었을 때를 생각하고 그 후에 A, B, C의 세 가지 식염수를 섞었을 때를 생각한다.

해답

식염수 B와 식염수 C의 무게비는 1 : 2이므로, 예를 들면 식염수 B를 100g, 식염수 C를 200g으로 해본다. 그러면 식염수 B에는 15g(=100×0.15), 식염수 C에는 100g(=200×0.05)이 들어 있으므로 양쪽에서는 25g이다. 한편 식염수 B, C의 합은 300g(=100+200)이므로 이들을 섞었을 때의 농도는

$$(25 \div 300) \times 100 = 8\frac{1}{3}(\%)$$

이다. 다음에 20%의 식염수와 $8\frac{1}{3}$%의 식염수를 섞어 13%의 식염수를 만든다. 이들의 농도와 13%와의 차는 7%(=20-13), $-4\frac{2}{3}$%($8\frac{1}{3}$-13)이므로 두 가지 식염수의 무게비를 2 : 3(=$4\frac{2}{3}$: 7)으로 하면 13%의 농도가 된다. 이것은 B, C의 혼합 식염수 300g에 대해서 A의 식염수 200g의 비율이다. 그런데 세 가지 식염수의 합계 무게는 1kg이므로 식염수 A는 400g, 식염수 B는 200g, 식염수 C는 400g이라고 결정된다.

다음에 식염수 A와 식염수 C를 섞어 13%의 식염수를 만든다.

이들의 농도와 13%의 차는 7%(=20-13), 8%(=5-13)이므로 식염수 A와 식염수 C의 무게비를 8 : 7로 하면 13%의 식염수 7가 만들어진다. 이것에는 400g의 식염수 A와 그 7/8인 350g의 식염수 C를 섞으면 되므로 전부 750g의 식염수가 만들어진다.

---

2 이상 18 이하의 정수를 사용하면 아래 식의 □에 알맞는 정수의 짝은 전부 3조가 된다. 그것들 모두를 구하여라. 단, ㄱ 는 ㄴ보다 작고, 또 $\dfrac{ㄷ}{18}$ 는 이 이상 약분할 수 없는 분수라고 한다.

$$\frac{1}{ㄱ} = \frac{1}{ㄴ} + \frac{ㄷ}{18}$$

해설

우변은 더 약분할 수 없는 분수이므로 ㄷ에 들어가는 정수는 한정된다. 이들을 순차적으로 조사하면 구하는 3조를 얻을 수 있다.

해답

우변은 더 약분할 수 없는 수이므로 분자는 분모와 공통의 약수를 갖지 않는다. 그러면 18=2×3×3이므로, 분자는 2로도 3으로도 나눠지지지 않는 수이다. 이것을 2에서 18까지의 사이에서 조사하면 ㄷ에 들어가는 수는

5, 7, 11, 13, 17

의 어느 것이다.

먼저 $\frac{5}{18}$로 하면, 이것에서 $\frac{1}{2}$, $\frac{1}{3}$, $\frac{1}{4}$, ··· 을 순차적으로 빼면 조건에 맞는 것은

$$\frac{5}{18} - \frac{1}{6} = \frac{1}{9}$$

만이다. 마찬가지로 $\frac{7}{18}$, $\frac{11}{18}$, $\frac{13}{18}$, $\frac{17}{18}$의 각각으로부터, $\frac{1}{2}$, $\frac{1}{3}$, $\frac{1}{4}$, ··· 을 순차적으로 빼면 조건에 맞는 것은

$$\frac{7}{18} - \frac{1}{3} = \frac{1}{18}$$

$$\frac{11}{18} - \frac{1}{2} = \frac{1}{9}$$

의 2개이다. 이것에 처음의 것도 더하면, 구하는 3조는

ㄱ=6,	ㄴ=9,	ㄷ=5
ㄱ=3,	ㄴ=18,	ㄷ=7
ㄱ=2,	ㄴ=9,	ㄷ=11

이다.

문제 80

세 자리의 정수 A가 있다. A의 일의 자리, 십의 자리, 백의 자리의 숫자는 모두 다른 숫자이며 더욱이 0은 들어 있지 않다. 지금 A의 각 자리 숫자를 다시 배치하여 5개의 정수를 더 만든다. 이것에 A도 포함하여 6개의 정수를 더하였더니 합이 3108이 되었다.

A의 각 자리의 수의 합은 얼마인가? 또 이러한 성질을 가진 수는 전부 몇 개가 있는가? 또 이들 수를 작은 순서로 배열하면 30번째에 오는 수는 어떤 수인가?

해설

A의 각 자리의 수의 합을 구할 때, 어디에서 실마리를 찾는가가 포인트이다. 이것만 알게 되면 나중 문제는 쉽게 해결된다.

해답

세 자리의 수를 abc라고 하면 이들 배열을 바꾸어 만들 수 있는 수는 abc도 포함하여

abc, acb, bac, bca, cab, cba

의 6개이다. 이들 수에는 일의 자리, 십의 자리, 백의 자리에 각각 a, b, c가 2회씩 나오고 있다. 이 때문에 앞의 6개의 수의 합은 a와 b와 c의 합이 222배가 되며

$(a+b+c)=3108÷222=14$

이다. 그러면 어느 것이나 0이 아니므로 a와 b와 c의 가능한 조합은 순서를 생각하지 않으면

1과 4와 9,   1과 5와 8,   1과 6과 7,   2와 3과 9

2와 4와 8,   2와 5와 7,   3과 4와 7,   3과 5와 6

의 8가지이다. 이들은 어느 것이나 6가지로 재배치할 수 있으므로 전부 48개(=8×6)의 수를 만들 수 있다.

다음에 30번째의 수를 구한다. 앞의 조합에 포함되어 있는 1에서 9까지의 숫자를 셈하면 1에서 5까지는 7이 3회, 6과 8과 9가 2회씩이다. 이 때문에 이들의 배열법으로 세 자리의 수를 만들면, 백의 자리가 1, 2, 3, 4, 5, 7의 수는 6개(=2×3)씩, 백의 자리가 6, 8, 9의 수는 4개(=2×2)씩이다. 이것으로부터 백의 자리가 5까지의 수로 꼭 30개(=5×6)에 이른다. 이리하여 30번째의 수는 백의 자리가 5가 되는 수 중에서 최대의 수이다. 이것은 1과 5와 8의 재배치로 만들 수 있는 581이다.

문제 81

A와 B 씨는 각각 양을 기르고 있고, 어느 쪽이나 양의 수는 10의 배수이다. 각각 기르고 있는 전체 양의 털을 깎는데 A, B 모두 1일에 14마리씩 깎으면 걸리는 일수의 합계는 72일이다. 또, 각각 이 1일에 19마리씩 깎으면 A 쪽이 B보다 7일 일찍 끝난다. A와 B가 기르고 있는 양은 각각 몇 마리씩인가?

해설

얼핏 보아 그다지 어려운 문제같이 보이지 않는데 상당히 까다로운 문제이다. 생각할 수 있는 경우를 몇 가지 상정하여 조건에 맞지 않는 경우를 제외하도록 한다.

해답

14마리씩을 72일 동안 깎으면 합계가 1,008마리(=14×72)이다. 그러나 최종일은 A, B 모두 1마리씩으로 끝나는 일도 있으므로 982마리(1008-13×2)라도 72일이 필요하다. 이리하여 A, B의 합계는 982마리에서 1,008마리까지의 사이의 어딘가가 되어 10의 배수는 990마리나 1,000마리의 어느 쪽이다.

1일에 19마리씩으로는 A가 7일 일찍 끝나므로, 처음의 7일간의 133마리(=19×7)를 B에서 빼면 A와 B는 같은 날에 끝난다. 이 합계는 857마리(=990-133)나 867마리(=1000-133)의 어느 쪽이므로 19마리로 나누면

857÷19=45 …… 나머지 2

867÷19=45 …… 나머지 12

이다. 그러면 최종일은 끝수의 양이라도 좋으므로 합계 일수는 46일이나 47일이다. 그런데 A, B 모두 같은 일수이므로 47은 실격이다. 이리하여 A는 23일 걸리고 그동안에 419마리(=19×22+1)에서 437마리(=19×23)의 양털을 깎을 수 있다. 이 때문에 10의 배수는 420마리나 430마리의 어느 쪽이다. B는 처음의 7일도 더하면 30일이 되고 그동안에 552마리(=29×19+1)에서 570마리(=19×30)의 양털을 깎을 수 있다. 이 때문에 10의 배수는 560마리나 570마리의 어느 쪽이다.

그래서 1일에 14마리씩 깎은 일수를 조사하면 A는 30일(=420÷14)이나 31일(=430÷14 …… 나머지 10), B는 40일(=560÷14)이나 41일(=570÷14 …… 나머지 10)이 걸린다. 이 중에서 A와 B의 합계 일수가 72일이 되는 조합은 A가 430마리, B가 570마리일 때뿐이다.

문제 82

    A나라의 동전은 1개에 10g, B나라의 동전은 9g, 가짜 동전은 8g이다. 겉보기는 같다. 지금 ㄱ, ㄴ, ㄷ, ㄹ, ㅁ의 5개의 상자에 각각 같은 종류의 동전을 넣고 ㄱ에서 1개, ㄴ에서 2개, ㄷ에서 4개, ㄹ에서 8개, ㅁ에서 16개를 꺼내서 무게를 쟀다. 이 합계가 297g일 때, 가짜 동전은 어느 상자에 들어 있는가? 가짜 동전은 틀림없이 있다고 하고, 생각할 수 있는 상자를 모두 구하여라.

> **해설**
>
> 어느 것이나 A나라 동전이라면 합계 무게는 얼마나 되는가 생각한다. 이것이 297g보다 많으면, B나라 동전과 가짜 동전이 섞여 있기 때문이다.

해답

무게를 재는 동전 개수는

1+2+4+8+16=31(개)

이다. 이 때문에 모두가 A나라 동전이라면 합계 무게는 310g(=31 ×10)이다. 이것이 13g(=310-297)이나 적은 것은 다른 동전이 섞여 있기 때문이다. 그런데 A나라 동전과의 차는 B나라 동전이 1개에 1g, 가짜 동전이 1개에 2g이다. 그러면 가짜 동전이 반드시 들어 있기 때문에 그 개수는 1개에서 6개 사이이다. 이때 B나라 동전의 개수는 합계가 13g이기 때문에 가짜 동전이 1개이면 11개, 2개이면 9개, 3개이면 7개, 4개이면 5개, 5개이면 3개, 6개이면 1개이다.

홀수 개의 동전을 꺼낼 수 있는 것은 1상자뿐이다. 그러면 B나라 동전은 어느 조합도 홀수개이므로 가짜 동전은 짝수개이다. 이리하여 각각의 동전이 들어있는 상자를 조사하면 어느 상자의 동전도 한 종류이기 때문에 아래 표와 같이 된다.

가짜		B나라		A나라		판정
2개	ㄴ	9개	ㄱ, ㄹ	20개	ㄷ, ㅁ	○
4개	ㄷ	5개	ㄱ, ㄷ	22개	ㄴ, ㄷ, ㅁ	×
6개	ㄴ, ㄷ	1개	ㄱ	24개	ㄹ, ㅁ	○

이것으로부터 가짜 동전이 들어 있는 상자는 ㄴ상자나 ㄷ상자가 된다.

문제 83

 A군은 수업 시작 5분 전에 학교에 도착하려는 예정으로 집을 나서서 매시 4㎞의 속도로 걸었다. 그런데 1㎞ 걸었을 즈음에 집의 시계가 10분 늦었다는 것을 알아차렸기 때문에 그 뒤는 달려서 갔다. 이 때문에 수업 시간에 맞춰 도착하였다. 집에서 학교까지는 달려가면 걸어가는 것보다 9분 일찍 도착한다고 한다. 달리기는 매시 몇 ㎞의 속도인가?

해설

먼저 집에서 학교까지 몇 분의 몇을 걸었는가를 조사하고 그것으로 집에서 학교까지의 거리를 구한다. 달리기 시작하였을 때의 시속은 그다음에 계산한다.

해답

먼저 집에서 학교까지의 거리를 구한다. 집을 예정보다 늦게 나갔으므로, 수업 시작 5분 전에 도착할 작정으로 그대로 걸으면 실제는 수업 시작 5분 후(=5-10)에 도착한다. 그것을 도중에 달려갔기 때문에 수업 시간에 맞춰 도착하였다. 이것은 5분의 절약이다. 그런데 집에서 학교까지의 사이를 모두 달리면 절약할 수 있는 시간은 9분이다. 이 때문에 달리기 시작한 것은 집에서 학교까지의 거리의 $\frac{5}{9}$(=5÷9)가 되어 나머지를 걸은 것이 된다. 이 거리가 1km이므로 집에서 학교까지의 거리는

$$1 \div \frac{4}{9} = 2\frac{1}{4} \text{(km)}$$

이다.

$2\frac{1}{4}$ km의 거리를 시속 4km로 걸으면 걸리는 시간은

$$(2\frac{1}{4} \div 4) \times 60 = 33\frac{3}{4} \text{(분)}$$

이다. 이것을 집에서 학교까지 달리면 9분의 절약이 되므로 걸리는 시간은 $24\frac{3}{4}$분으로 줄어든다. 이것을 시속으로 하면

$$(2\frac{1}{4} \div 24\frac{3}{4}) \times 60 = 5\frac{5}{11} \text{(km)}$$

가 된다.

문제 84

 큰 상자와 작은 상자가 몇 개 있고, 양쪽 합계는 40개이다. 큰 상자에 6개씩의 사과, 작은 상자에 5개씩의 사과를 넣으면 35개의 사과가 남는다. 또 먼저 큰 상자에 8개씩의 사과를 넣고, 그러고 나서 작은 상자에 6개씩의 사과를 넣으면 사과가 꽉 찬 다음에 5개의 작은 상자가 남는다. 큰 상자와 작은 상자는 각각 몇 개씩 있는가? 또 사과는 전부 몇 개가 있는가?

해설

2회째에는 1회째보다 큰 상자에 2개씩, 작은 상자에 1개씩 사과를 더 넣고 있다. 이것에 의해서 어느 만큼 여분의 사과가 상자에 들어가는가를 생각한다.

해답

2회째에는 5개의 작은 상자가 남았으므로 그것에도 6개씩의 사과를 넣으면 합계는 30개(=6×5)이다. 즉, 어느 작은 상자에도 사과를 넣는 데는 30개의 사과가 부족하다. 그런데 1회째는 35개의 사과가 남았으므로 1회째와 2회째의 사과 부족의 차는 65개(=35+30)가 된다. 이 차는 2회째에는 큰 상자 1개에 2개씩의 사과, 작은 상자 1개에 1개씩의 사과를 각각 여분으로 넣었기 때문에 생긴 것이다.

그런데 큰 상자와 작은 상자의 합계 개수는 40개이므로 어느 쪽에도 1개씩의 사과를 여분으로 넣으면 이 차는 40개밖에 안 된다. 이것이 65개가 된 것은 그것보다 1개 많은 2개씩의 사과를 큰 상자에 넣었기 때문이며 큰 상자의 개수는 25개(=65-40)로 결정된다. 그러면 작은 상자의 개수도 15개(=40-25)가 된다. 한편, 사과 개수는 1회째의 넣는 방식으로 계산하면

$6 \times 25 + 5 \times 15 + 35 = 260(개)$

가 되고, 2회째의 넣는 방식으로 계산하면

$8 \times 25 + 6 \times (15-5) = 260(개)$

가 된다. 물론 양쪽 개수는 일치한다.

문제 85

영희는 오빠에게 오후 3시 역으로 마중 나와 달라는 약속을 하고, 마침 그 시간에 전동차로 역에 도착하였다. 그러나 오빠가 역에 없었으므로 하는 수 없이 집으로 향해서 매분 65m의 속도로 걸어갔다. 그러다가 도중에 A지점에서 역으로 향하여 걸어오는 오빠와 만났다. 오빠는 영희가 오후 3시 30분에 역에 도착하는 것으로 착각하여 자기도 그 시간에 역에 도착하려고 매분 85m의 속도로 걸어왔다. 두 사람은 사이좋게 집으로 돌아왔다. 집에서 역까지의 거리를 2,040m라고 하면 역에서 A지점까지의 거리는 얼마나 되는가?

해설

오빠가 집을 몇 시에 나섰는가를 생각하면, 그때 영희가 역에서 몇 m인 지점을 걷고 있는가를 알 수 있다. 이것을 사용하면 두 사람이 만난 지점도 알아낼 수 있다.

해답

집에서 역까지의 거리는 2,040m이므로 매분 85m의 속도로 걸으면 집에서 역까지

2040÷85=24(분)

이 걸린다. 오빠는 오후 3시 30분에 역에 도착할 예정이었으므로, 그 24분 전인 오후 3시 6분에 집을 나섰다. 그러자 영희는 오후 3시에 역을 나서 집으로 향해서 걸었으므로 오빠가 집을 나설 오후 3시 6분에는 이미 역에서

65×6=390(m)

의 지점에 있다. 이 때문에 오후 3시 6분에는 두 사람 사이의 거리는

2040-390=1,650(m)

가 되어 있다. 이 사이를 오빠는 매분 85m의 속도로 역을 향하고, 영희는 매분 65m의 속도로 집으로 향하고 있으므로 두 사람은 매분 150m(=85+65)의 비율로 다가서고 있다. 이 때문에 두 사람이 A지점에서 만날 때까지의 시간은

1650÷150=11(분)

이다. 그러면 영희는 그 6분 전에 역을 나섰으므로 역을 나서고 나서 오빠와 만날 때까지의 시간은

6+11=17(분)

이다. 이것을 매분 65m의 속도로 걸었으므로 역에서 A지점까지의 거리는

65×17=1,105(m)

가 된다.

문제 86

A, B, C 3대의 차가 각각 일정한 속도로 서쪽 거리에서 동쪽 거리까지 같은 길을 달리기로 하였다. 먼저 A가 출발하고, 그로부터 42분 후에 B가 출발하고 다시 18분 후에 C가 출발하였다. C는 출발하고 나서 24분 후에 A를 따라잡고, 다시 18분 후에 B를 따라잡았다. B는 출발하고 나서 몇 분 후에 A를 따라잡았는가?

> **해설**
>
> 먼저 A와 C의 속도의 비, B와 C의 속도의 비를 구하고, 그것을 통해서 A와 B의 속도의 비를 구한다. B가 몇 분 후에 A를 따라잡는가는 그다음에 계산한다.

해답

먼저 A와 C의 속도를 비교한다. B는 A의 출발에서 42분 후에 출발하고, C는 다시 18분 후에 출발하였으므로 C는 A의 출발에서 60분(=42+18) 늦게 출발하였다. 그런데 C는 그 24분 후에 A를 따라잡았으므로, C가 24분 걸려 달린 거리를 A는 84분(=60+24) 걸려 달렸다. 이 때문에 A와 C의 속도비는

$$24 : 84 = 2 : 7$$

이다.

다음에 B와 C의 속도를 비교한다. C는 A를 따라잡기까지 24분, 다시 B를 따라잡기까지가 18분이므로 C가 출발하고 나서 B를 따라잡기까지는 42분(=24+18)이다. 그러면 B는 C보다 18분 일찍 출발하였으므로 C가 42분 동안 달린 거리를 B는 60분(=42+18) 동안 달렸다. 이 때문에 B와 C의 속도비는

$$42 : 60 = 7 : 10$$

이다. 그러면 A와 C의 속도비는 2 : 7이므로 3대의 차의 속도비는

$$A : B : C = 20 : 49 : 70$$

가 된다.

A가 20의 거리를 달리는 동안에 B는 29(=49-20)의 거리만큼 달린다. 이 때문에 A가 42분간 달린 거리를 좁히는 데는 B는

$$42 \times (20 \div 29) = 28\frac{28}{29} (분)$$

을 달리게 된다. 이것이 구하는 시간이다.

문제 87

 연못 둘레에 2㎞의 도로가 있고 A와 B의 두 사람이 이 도로를 2번 돈다. 자전거가 1대밖에 없으므로, A는 처음에 자전거로 출발하고 도중에 자전거에서 내리고 나머지를 도보로 간다. B는 처음에 도보로 가고 도중에서 A가 내린 자전거를 타고 나머지를 간다. 두 사람이 동시에 같은 방향으로 출발하여 동시에 가장 빠른 시간으로 2번 도는 것을 마치기 위해, A는 출발하고 나서 몇 ㎞ 되는 곳에서 자전거에서 내리면 되는가? 또 2번 도는 것이 끝나는 것은 출발하고 나서 몇 분 후인가? 단, A의 속도는 도보로 시속 5㎞, 자전거로 20㎞, B의 속도는 도보로 4㎞, 자전거로 15㎞라고 한다.

해설

 동시에 2번 도는 것을 마치는 데는 A가 1번 도는 이내에 자전거에서 내릴 때와 1번 돌고 나서 내릴 때의 두 가지가 있다.

 물론, 후자가 빠르기 때문에 A는 1번 이상 돌고 나서 내린다. B는 1번 도는 도중에 자전거를 타고 나머지 1번 이상을 자전거로 돈다. 두 사람이 2번 도는 것을 마칠 때까지의 시간을 A와 B를 독립적으로 계산하고 그것이 같게 되도록 조정한다.

해답

먼저 B는 생각하지 않고 A만을 조사한다. 지금 1번 돈 2km의 지점에서 자전거에서 내리면 그동안의 시간은

$$(2 \div 20) \times 60 = 6(분)$$

이다. 또 나머지 2km는 도보이므로 그동안의 시간은

$$(2 \div 5) \times 60 = 24(분)$$

이 되어 2번 도는 데 30분(=6+24)이 걸린다. 여기서 자전거에서 내리는 지점을 0.1km 더 가면 자전거를 타는 시간은

$$(0.1 \div 20) \times 60 = 0.3(분)$$

이 증가하고, 도보 시간은

$$(0.1 \div 5) \times 60 = 1.2(분)$$

이 감소한다. 이 결과 전체적으로 0.9분(=1.2-0.3)이 절약된다. 이리하여 자전거에서 내리는 장소를 1번 돈 지점에서 0.1km씩 연장할 때마다 A가 2번 도는 것을 끝내기까지의 시간은 30분에서 0.9분씩의 비율로 감소해 간다.

다음에 B만을 생각한다. 단, 자전거가 1대가 더 있어서 B는 어느 지점에서도 자전거를 탈 수 있는 것이라고 상정한다. 먼저 처음부터 자전거를 2번 도는 데 걸리는 시간은

$$(4 \div 15) \times 60 = 16(분)$$

이다. 이것을 처음의 0.1km는 도보로 가고 나머지 3.9km를 자전거로 가면 자전거에 타는 시간은

$$(0.1 \div 15) \times 60 = 0.4(분)$$

이 감소하고, 도보 시간은

$(0.1 \div 4) \times 60 = 1.5(분)$

이 증가한다. 이 결과 전체적으로 1.1분(=1.5-0.4)이 증가한다. 이리하여 자전거에 타는 장소를 출발점에서 0.1㎞ 앞으로 연장할 때마다 B가 2번 도는 것을 끝내기까지의 시간은 16분에서 1.1분씩의 비율로 증가해 간다.

　A는 1번 돈 지점에서 자전거에서 내린 다음 2번 돌 때까지 30분이 걸린다. B는 처음부터 자전거로 2번 돌 때가 16분이고 A와의 차는 14분(=30-16)이다. 또 A는 자전거에서 내리는 장소를 0.1㎞ 앞으로 연장시킬 때마다 0.9분이 절약되고, B는 자전거를 타는 지점을 0.1㎞ 앞으로 연장시킬 때마다 1.1분이 증가한다. 이 때문에 0.1㎞마다 차가 2분(=0.9+1.1)씩 축소되어 14분의 차를 적게 하는 데는

$(14 \div 2) \times 0.1 = 0.7(㎞)$

가 필요하다. 이리하여 A는 1번 돌고 0.7㎞ 더 간 장소에서 자전거에서 내리고, B는 거기에서 자전거로 가면 2번 도는 것이 끝나는 시간은 어느 쪽이나 23.7분(=30-0.9×7=16+1.1×7)이 된다.

　그래서 A가 내린 자전거에 B가 잘 탈 수 있는가 어떤가 조사한다. A는 2.7㎞(=2+0.7)를 자전거로 가게 되므로 그동안에 걸리는 시간은

$(2.7 \div 20) \times 60 = 8.1(분)$

이다. 또 B는 0.7㎞를 도보로 가게 되므로 그동안에 걸리는 시간은

$(0.7 \div 4) \times 60 = 10.5(분)$

이다. 이것에서 B가 0.7㎞의 지점에 도착하는 것은 A가 자전거에서 내린 후이다. 이것으로 B는 안심하고 자전거를 탈 수 있다.

8장

도형의 고급 응용문제

문제 88

〈그림 1〉의 △ABC의 면적은 9㎠이다. 지금 변 BC의 연장 상에 변 BC와 변 CD의 길이가 같아지도록 점 D를 잡고, 또 변 AB의 연장상에 점 E를 잡고 △BDE를 만든다. 이 면적은 24㎠였다.

다음에 변 CA의 연장상에 점 F를 잡고 이 점과 두 점 D, E를 각각 연결하여 〈그림 2〉의 △ DEF를 만든다.

그러면 이 삼각형의 면적은 63 ㎠였다. 변 AF의 길이는 변 AC 의 길이의 몇 배가 되는가?

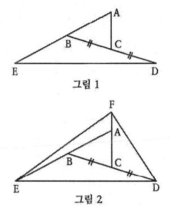

그림 1

그림 2

해설

점 A와 점 D, 점 B와 점 F, 점 C와 점 E를 각각 연결하고 △DEF를 7개의 삼각형으로 나눈다. 그러면 이들 삼각형의 면적을 모두 구할 수 있다.

해답

7개의 삼각형으로 나눠서 생각한다. △ABC와 △BDE의 면적은 각
각 9㎠, 24㎠이므로 그 비는

9 : 24=3 : 8

이다. 그래서 이들의 밑변을 BC,
BD로 잡으면 길이의 비는 1 : 2이
므로 높이의 비는

3÷1 : 8÷2=3 : 4

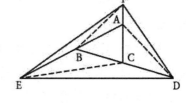

가 된다. 이것은 AB : BE의 비도 되어 있다.

다음에 △ABC와 △ACD를 생각하면 밑변 BC와 밑변 CD는 같고
높이도 같으므로 면적은 같다. 이것에서 △ABD의 면적은 18㎠가 되
어 △AED의 면적은 42㎠(=18+24), △FAE와 △FAD의 면적의 합은
21㎠(=63-42)이다. 여기서 △FEB와 △FBA를 생각하면 밑변 EB와 밑
변 BA의 비는 4 : 3이므로 면적의 비도 4 : 3이다. 또 △FBA와 △
FAD의 밑변을 FA로 잡으면 높이는 같으므로 면적비는 1 : 1이다. 이
것으로부터 3개의 △FEB, △FBA, △FAD의 면적비는 4 : 3 : 3이 되
어 △FBA의 면적은

$$21 \times \frac{3}{4+3+3} = 6.3㎠$$

이다. 이리하여 두 변 FA, AC의 길이비는

6.3 : 9=7 : 10

이 된다.

문제 89

한 변의 길이가 4㎝인 정육면체가 있다. 아래 그림과 같이 변 FG의 중점을 M, 변 HG의 중점을 N이라고 한다. ∠CMG 를 63°라고 하면 ∠NCM의 크기는 얼마가 되는가? 또, 입체 CNMG의 표면적은 얼마인가?

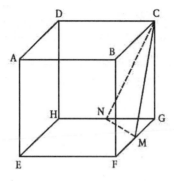

해설

△CNM을 생각하는 한 ∠NCM을 구할 수 없다. 같은 모 양의 삼각형을 정사각형 EFGH의 내부에 만드는 것을 생각 한다.

해답

점 E와 두 점 N, M을 각각 연결하고 4개의 삼각형 △CNG, △CMG, △ENH, △EMF를 비교한다. 그러면 이들의 삼각형의 한 변이 되는 CG, EH, EF는 정육면체의 모서리이므로 같고, 또 하나의 변이 되는 NG, MG, NH, MF는 두 점 N, M이 각각 두 변 HG, FG의 중점이므로 같아진다.

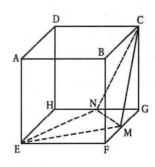

또한 각각의 두 변 사이의 각은 모두 직각이다. 이리하여 4개의 삼각형은 모두 합동이 되어

CN=CM=EN=EM

∠CNG=∠CMG=∠ENH=∠EMF

가 된다. 그러면 △EMN과 △CMN의 대응되는 세 변의 길이는 같아지고 2개의 삼각형은 합동이다. 이 때문에 ∠NEM과 ∠NCM은 같아진다. 그런데 ∠ENH와 ∠EMF는 63°이므로 ∠HEN과 ∠FEM은 27°(=90-63)이다. 그러면 ∠NEM과 ∠NCM은 어느 것이나 36°(=90-27×2)가 된다.

입체 CNMG의 표면을 보면 △CNG와 △ENH, △CMG와 △EMF, △CNM과 △ENM은 각각 합동이므로 이 표면적은 정사각형 EFGH의 면적과 같아진다. 그러므로 이 입체의 표면적은 16cm²이다.

문제 90

반지름 2㎝의 원주상에 12개의 점을 등간격으로 잡고 이들을 연결하여 정12각형을 만들면 그 면적은 얼마가 되는가?

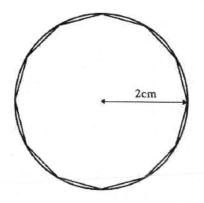

해설

이대로는 손을 댈 수 없으므로 하나 걸러 6개의 점을 연결하여 정육각형을 만들어 본다. 뜻밖의 관계가 생긴다.

해답

원주상의 12개의 점에서
하나 걸러 6개의 점을 잡
고 그것을 연결하여 정육각
형을 만든다. 오른쪽 그림
은 이 일부를 확대한 것이
며, 실선이 정12각형의 일
부, 반지름을 제외한 점선
이 정육각형의 일부이다.

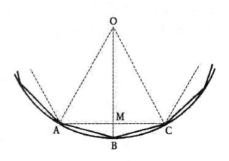

그러면 ∠AOC는 360°의 1/6인 60°이고 ∠AOB와 ∠BOC의 어느
쪽도 360°의 1/12인 30°이다.

정육각형은 중심과 각 꼭짓점을 잇는 6개의 선으로 나누면 △OAC
와 같은 6개의 정삼각형이 된다. 그러면 반지름 OB는 정삼각형
OAC를 꼭 좌우반분으로 나누므로 반지름 OB와 현 AC는 수직으로
교차되며 또한

$$AM=MC=1(㎝)$$

이다. 이 때문에 △OAB의 밑변을 OB, 높이를 AM이라고 하면 밑변
의 길이는 2㎝, 높이는 1㎝가 되며 이 삼각형의 면적은 1㎝가 된다.
정12각형의 내부에는 이것과 같은 모양의 삼각형이 전부 12개 있으
므로 합계 면적은 12㎠이다.

한 변의 길이가 4㎝인 정육각형 ABCDEF가 있다. 각 변 AB, BC, CD, DE, EF, FA상에 각각 꼭짓점 A, B, C, D, E, F로부터 3㎝ 되는 곳에 점 P, Q, R, S, T, U를 잡고 이들을 연결하여 육각형을 만든다. 이때 육각형 PQRSTU의 면적은 원래의 육각형 ABCDEF 면적의 몇 배가 되는가? 분수로 답하여라.

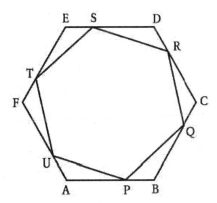

해설

구체적인 계산은 그렇지도 않지만 그것에 도달하기까지의 생각이 어렵다. 열쇠는 △PQB의 면적을 구하는 데 있다.

해답

〈그림 A〉와 같이 정육각형의 중심을 O로 하고 점 O와 점 C를 연결한다. 그리고 △QPB와 △CAB의 면적을 비교한다. 각각의 밑변을 PB, AB라고 하면 밑변의 길이의 비는

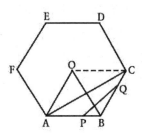

PB : AB=1 : 4

이다. 또

QB : CB=3 : 4

이기 때문에 높이의 비도 3 : 4이다. 이것으로부터 △QPB와 △CAB의 면적비는

1×3 : 4×4=3 : 16

이다. 그런데 △CAB와 △OAB의 밑변은 공통, 높이는 같기 때문에 면적도 같아진다. 그러면 〈그림 B〉에서 알 수 있는 것과 같이 △AOB의 면적의 6배가 정육각형 ABCDEF의 면적이며, 여기서 △QPB

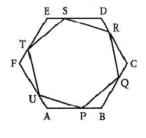

의 면적의 6배를 뺀 것이 정육각형 PQRSTU의 면적이다. 이 때문에 후자와 전자의 비는

(16-3) : 16=13 : 16

이 된다. 이리하여 정육각형 PQRSTU의 면적은 정육각형 ABCDEF 면적의 $\frac{13}{16}$ 배이다.

문제 92

△ABC의 내부에 한 점 O를 잡고 그것을 지나서 세 변 AB, BC, CA에 평행인 직선을 긋는다. 이들의 세 직선이 각각 변 BC, CA, AB와의 교차하는 점을 P, Q, R로 하였더니 OP= OQ=OR이 되었다. BC=8㎝, CA=4㎝, AB=6㎝일 때 OP의 길이를 구하여라.

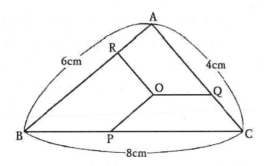

해설

이대로는 손을 댈 수 없다. 세 점 P, Q, R로부터 변 CA, AB, BC에 각각 평행한 직선을 긋고 삼각형의 각 변과 교차하는 3개의 선을 만들어 본다.

해답

그림의 같이 세 점 P, Q, R에
서 세 변 CA, AB, BC에 각각
평행선을 긋고, 세 변 AB, BC,
CA와의 교점을 S, T, U라고 한
다. 그러면 3개의 □ORSP, □
OPTQ, □OQUR은 모두 마름모

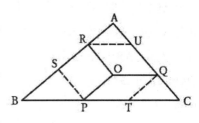

꼴이 되어 RS, SP, PT, TQ, QU, UR은 어느 것이나 OP(=OQ=OR)와
같은 길이가 된다. 이하에서는 SP=PT=QT=OP의 관계를 사용한다.

△ABC와 △SBP를 비교하면 대응하는 두 변은 같은 직선상에 있
든가, 평행이든가 어느 쪽이다. 이 때문에 2개의 삼각형은 닮은꼴이
되어

BC : AC=BP : SP

이다. 그런데 BC=8cm, AC=4cm이기 때문에 BP는 SP의 2배(=8÷4)의
길이이다. 또 △ABC와 △QTC도 닮은꼴이 되어

AB : BC=QT : TC

이다. 그런데 AB=6cm, BC=8cm이기 때문에 TC는 QT의 배(=4÷3)의
길이이다. 그러면 SP, PT, QT의 길이는 어느 것이나 OP와 같기 때
문에 BC는 OP의 $4\frac{1}{3}$배(=2+1+1$\frac{1}{3}$)의 길이가 되어 OP는

$$8 \div 4\frac{1}{3} = 1\frac{11}{13} \text{(cm)}$$

가 된다.

문제 93

아래 그림은 어떤 입체의 전개도이다. 6개의 직각이등변삼각형
과 2개의 정삼각형으로 되어 있다. 이 입체의 부피는 얼마인가?

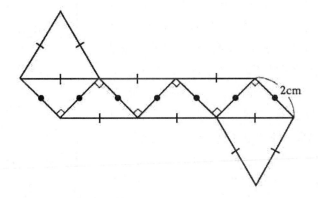

해설

이 입체가 어떤 모양이 되는가는 금방 알 수 있는데, 부피
를 계산하는 것은 큰일이다. 한 변이 2㎝인 정육면체를 생
각하고 그 일부를 잘라내어 이 입체를 만드는 것을 생각한
다.

해답

이 입체는 윗면과 밑면을 정삼각형으로 하면 옆면은 6개의 직각이등변삼각형을 주름상자형으로 배열한 것이다. 이 부피를 교묘히 계산하기 위해서 한 변이 2cm인 정육면체를 생각한다(그림 1). 세 점 B, D, E를 연결하여 삼각형을 만들면 각 변은 어느 것이나 표면에 있는 정사각형의 대각선이므로 문제의 전개도에 있는 정삼각형과 일치한다. 지금 삼각뿔 ABDE를 정육면체로부터 잘라내면 맞은 편에도 정삼각형 CHF가 있다는 것을 알게 된다(그림 2). 그래서 삼각뿔 GCHF도 잘라내면 문제에 있던 입체가 된다(그림 3). 즉, 문제에 있던 입체는 정육면체에서 마주 보는 2개의 삼각뿔을 잘라낸 것이다.

그래서 잘라낸 2개의 삼각뿔의 부피를 계산한다.

삼각뿔의 밑면은 정육면체의 표면에 있는 정사각형을 반으로 한 직각이등변삼각형이므로 면적은 2cm²이다. 또 높이는 정사각형의 한 변이므로 부피는 $1\frac{1}{3}$ cm³(=2×2÷3)이다. 그러면 정육면체의 부피는 8cm³(=2×2×2)이므로 구하는 입체의 부피는 $5\frac{1}{3}$ cm³(=8-2×$1\frac{1}{3}$)가 된다.

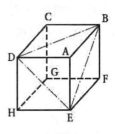

그림 1

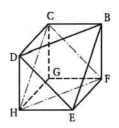

그림 2

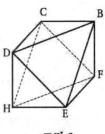

그림 3

문제 94

아래 그림은 크기가 다른 2개의 정사각형의 중심을 겹치면서 한쪽 정사각형만을 직각으로 회전한 것이다. 사선 부분의 면적은 ㉠이 9㎝, ㉡이 2㎠이다. 2개의 정사각형의 면적은 각각 몇 ㎠가 되는가?

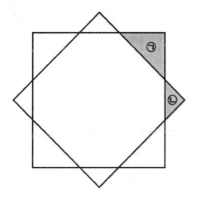

해설

어떻게 다루는가가 중요하다. 이대로는 실마리를 잡을 수 없으므로 어느 쪽인가의 정사각형에 대하여 2개의 대각선을 긋는다.

224

큰 정사각형을 ABCD, 작은 정
사각형을 EFGH로 하고 작은 쪽의
정사각형에 2개의 대각선을 그림과
같이 긋는다. 이 그림에는 나중에
사용하는 교점에도 기호를 붙였다.
△EIJ의 면적은 2㎠이므로 △E
IK의 면적은 그 절반인 1㎠이다.
그러면 △AIL의 면적은 9㎠이므로
△AIL과 △EIK의 면적비는

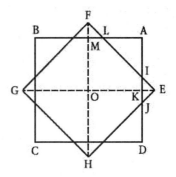

9 : 1=3×3 : 1×1

이 된다. 이 2개의 삼각형은 어느 것이나 같은 모양의 직각이등변삼
각형이기 때문에 두 변 AI, IK의 비는

AI : IK=3 : 1

이다. 그러면 FM=IK이므로 변 FO와 변 IK의 비는

FO : IK=S : 1

이다. 이리하여 △FOE와 △IKE의 면적비는

5×5 : 1×1=25 : 1

이 되어 △FOE의 면적은 △IKE의 면적의 25배인 25㎠가 된다. 그
러면 정사각형 EFGH는 4배하여 면적은 100㎠이다. 그리고 정사각형
ABCD는 정사각형 EFGH에 △AIL의 4배를 더하고 나서 △EIJ의
4배를 뺀 것이므로 그 면적은

100+9×4-2×4=128(㎠)

이다.

문제 95

2개의 대각선 길이가 8㎝와 12㎝인 마름모꼴 종이 2장을 겹쳐 놓았다. 아래 종이는 움직이지 않고 위의 종이만 중심 주위에서 90° 회전시키면 아래 그림과 같은 모양이 된다. 이 도형의 겹치지 않는 부분의 면적을 합치면 몇 ㎝가 되는가?

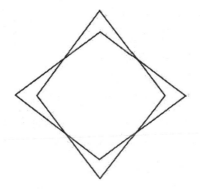

해설

이 그림을 보고만 있다고 면적이 나오지는 않는다. 몇 개인가의 선을 그려 넣어 문제를 알기 쉽게 할 필요가 있다. 문제는 어디에 어떤 선을 긋는가에 있다.

해답

먼저 마름모꼴 면적을 구하면 2개의 대각선은 8㎝와 12㎝이므로 면적은

$$8 \times 12 \div 2 = 48(㎠)$$

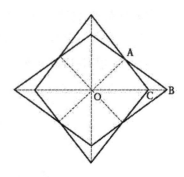

이다. 마름모꼴을 중심으로 지나는 4개의 점선으로 주어진 모형을 위의 그림과 같이 가른다. 그러면 1개의 마름모꼴 속에 △AOC와 같은 모양의 것이 8개 생기고 △ACB와 같은 모양의 것이 4개 생긴다. 그래서 △AOC와 △ACB의 면적을 비교하면 밑변 OC와 밑변 CB의 길이는 각각 4㎝, 2㎝(=6-4)이고 높이는 공통이다. 그러므로 △AOC의 면적은 △ACB의 2배가 된다.

마름모꼴 속에는 △AOC가 8개분과 △ACB가 4개 포함되어 있으므로 그 면적은 △ACB의 면적의 20배(=2×8+1×4)이다. 그러면 마름모꼴의 면적은 48㎝이므로 △ACB의 면적은

$$48 \div 20 = 2.4(㎠)$$

가 된다. 주어진 그림에서는 겹치지 않는 부분에 △ACB가 8개분이 들어 있으므로 구하는 면적은

$$2.4 \times 8 = 19.2(㎠)$$

가 된다.

문제 96

서쪽을 향해서 아래로 내려가는 층계가 있어서 태양빛이 서쪽으로부터 비치고 있다. 이 층계로부터 6m 떨어진 곳에 기둥이 있고 그림자 끝은 마침 층계의 3단째(화살표)에 이르고 있다. 또 길이 70㎝의 막대를 곧바로 세워 그림자의 길이를 재니 175㎝가 되었다. 기둥의 높이는 얼마인가? 단, 층계의 각 단의 높이와 폭은 모두 50㎝이다.

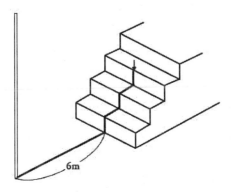

해설

이 층계를 바로 옆에서 보아 태양빛이 비치는 방향, 기둥과 층계의 위치 관계, 기둥의 그림자가 생기는 방식을 조사한다. 보기보다 어렵지 않다.

해답

70㎝의 막대가 175㎝
의 그림자를 드리우므로
그림자의 길이는 실물 막
대의 길이에 대하여

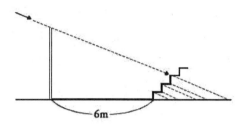

$175 \div 70 = 2.5$(배)

이다. 이 때문에 기둥이
지면에 드리웠을 때의 그림자의 길이를 구하면 기둥 길이도 구할 수
있다. 그래서 그림과 같이 층계를 바로 옆에서 본다. 그러면 그림자는
마침 3단째에 이르고 있으므로 그림자가 드리운 층계는 세로 방향으
로 3단, 가로 방향으로 2단이다.

층계가 투명하고 기둥 그림자가 지면에까지 드리운다고 하자. 그러
면 그림에서 알 수 있는 것과 같이 세로 방향의 층계에 드리운 기둥
그림자의 길이는 2.5배로 늘어나고, 가로 방향의 층계에 드리운 기둥
그림자의 길이는 그대로이다. 이 때문에 층계에 드리운 기둥 그림자
를 지면에 연장하면, 그 길이는

$(0.5 \times 3) \times 2.5 + 0.5 \times 2 = 4.75$(m)

가 된다. 그러면 기둥에서 층계까지 6m이므로 합계 길이는 10.75m
가 되어 기둥 길이는

$10.75 \div 2.5 = 4.3$(m)

가 된다.

문제 97

〈그림 1〉의 모눈종이에 직사각형 ABCD와 평행선을 〈그림 2〉와 같이 그려 넣었다. 다음에

ㄱ. △ADL   ㄴ. △ABI

ㄷ. △ABE   ㄹ. △IBK

ㅁ. △AHD

중에서 평행사변형 EFGH와 면적이 같은 삼각형을 모두 골라 내어라. 또, 평행사변형 EFGH의 면적은 직사각형 ABCD의 면적의 몇 분의 몇인가?

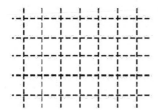 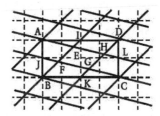

해설

발상이 필요한 문제이다. 직사각형 ABCD 속에 평행사변형 EFGH를 몇 개 만들 수 있는가 생각한다.

해답

모눈종이에 그려진 평행사변형
은 모두 합동이므로 ㄱ~ㅁ의 삼각
형과 어떤 평행사변형과 비교한다.
두 점 S, T를 그림과 같이 잡으면
△AJT와 △BJF는 합동이고, △
AIE와 △DIS는 합동이다. 이 때문
에 △ABE(ㄷ)와 평행사변형 ATFE

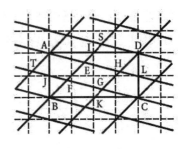

의 면적은 같고, △AHD(ㅁ)와 평행사변형 SEHD의 면적은 같아진다.
이것으로부터 ㄷ과 ㅁ의 삼각형은 조건을 만족한다.

다음으로 △ADL(ㄱ)은 △AHD(ㅁ)보다 크고 △ABI(ㄴ)는 △ABE
(ㄷ)보다 크기 때문에 어느 것이나 조건을 만족하지 않는다. 또, 나머
지 △IBK(ㄹ)는 △BIA(ㄴ)와 합동이므로 이것도 조건을 만족하지 않
는다. 이리하여 평행사변형 EFGH와 면적이 같은 것은 ㄷ과 ㅁ의 2
개의 삼각형이다.

다음에 △ATJ와 △DHL은 합동이기 때문에 □AJFE에 △DHL을
더한 것은 평행사변형 ATFE의 면적과 같다. 그러면 같은 이유에서
직사각형 ABCD의 대변에 마주 보는 사각형과 삼각형은 모두 어느
한 평행사변형과 같은 면적이 된다. 이들은 4조가 있으므로 중앙의
평행사변형도 포함시키면 직사각형 ABCD의 내부에 5개분의 평행사
변형 EFGH가 있게 된다. 이 때문에 평행사변형 EFGH의 면적은 직
사각형 ABCD의 면적의 1/5이 된다.

문제 98

AC=6.4㎝, CE=4.8㎝의. 직각삼각형 ACE를 종이에 그리고 각 변의 중점을 B, D, F라고 한다. 5점 B, C, D, E, F에 구멍을 뚫고 실 끝 P를 종이 뒤쪽의 점 A에 고정한다. 다음에 실의 다른 끝 Q를 구멍 B로부터 앞으로 꺼내어 구멍 C에서 뒤쪽으로 빼낸다. 이어 구멍 D, E, F의 순서로 앞, 뒤, 앞으로 꺼내어 Q를 점 A에 겹치니 실은 팽팽하게 되었다.

실이 끊어지지 않도록 DE 사이를 가르고 느슨하게 하게 하기 위해 Q를 화살표 방향으로 잡아당긴다. 점 A에서 남은 실을 자르면 잘라낸 실의 길이는 얼마가 되는가?

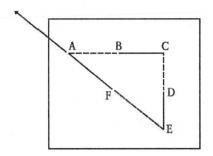

해설

점 F에서 세 점 A, C, E까지의 거리를 조사하는 것이 중요하다.

해답

DE 사이에 가르는 선을 넣으면 점 C에서 점 F까지의 실이 종이의 뒤쪽만으로 연결된다. 이 때문에 점 C에서 점 E를 거쳐 점 F까지 온 실은 점 C에서 점 F에의 일직선 실이 되어 잘라낸 실의 길이는

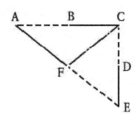

(CE+EF)-CF

이다(그림 1). CE의 길이는 4.8㎝이므로 EF와 CF의 길이가 필요하다.

결론을 먼저 말하면 CF와 EF는 같은 길이이다. 이것을 보이기 위하여 ∠CAG와 ∠ACG가 같아지도록 점 G를 변 AE상에 잡는다(그림 2). 그러면 △GAC는 이등변삼각형이 되어

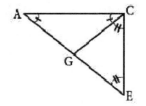

GA=GC∠

이다. 또 ∠ACG와 ∠GCE의 합은 직각이기 때문에 ∠CAG와 ∠GEC의 합도 직각이다. 이 때문에 ∠GCE와 ∠GEC는 같아지고 ∠GCE도 이등변삼각형이다. 그러면

GC=GE

가 되어 GA=GC도 이용하면

GA=GE

이다. 이리하여 점 G는 점 F와 일치하고 잘라내는 실의 길이는 4.8㎝가 된다.

문제 99

한 변의 길이가 9㎝인 정육면체가 있다. 이 정육면체의 서로
마주 보는 면에서 면까지 한 변의 길이가 3㎝인 정사각형 구멍
을 뚫어 아래 그림과 같은 입체를 만든다. 단, 구멍은 각각의
면 중앙에 뚫는다.

이 입체를 꼭짓점 A, B, C를 지나는 평면으로 자르면 입체
단면의 면적과 △ABC의 면적의 비는 얼마인가?

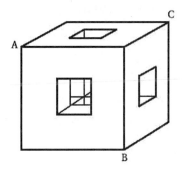

해설

도형의 성질을 잘 조사하고 나서 상상력을 풍부하게 발동
시킬 필요가 있다. 먼저 △ABC가 어떤 모양이 되는가 조
사한다.

해답

△ABC의 세 변 AB, BC, CA는 어느 것이나 정육면체의 표면에 있는 정사각형의 대각선이 되어 있다(그림 1). 이 때문에 세 변의 길이는 같고 △ABC는 정삼각형이다. 이것과 같은 이유로 △ADE, △AFG, △BFH, △BD I, △CG I, △CEH도 모두 정삼각형이 된다.

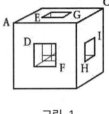

그림 1

다음에 세 변 DF, EG, H I 를 대각선으로 하는 구멍 부분의 정사각형에 주목하여 각각에 1개의 표면에 갖는 정육면체의 구멍을 생각한다. 그러면 이것도 세 점 A, B, C를 지나는 평면으로 자르면 자르는 방식의 상황은 정삼각형 ABC일 때와 완전히 같기 때문에 단면은 역시 정삼각형이 된다. 이것으로부터 전체의 단면은 〈그림 2〉와 같이 된다. 여기에 사선을 그은 부분은 단면이 구멍에 걸려 있는 곳이다.

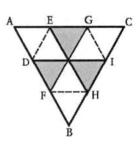

그림 2

이리하여 〈그림 1〉의 입체의 단면적과 △ABC의 면적의 비는

6 : 9=2 : 3

이다.

문제 100

동서로 일직선으로 뻗는 도로상의 같은 지점에 키가 1.4m인 A군과 B군이 서 있다. 두 사람이 있는 지점에서 동쪽으로 30m 나아간 곳에 전봇대가 있고 그 끝에 가로등이 있다. A군이 초속 1m로 동쪽으로 걷기 시작하여 그 6초 후에 B군이 초속 1.5m로 같은 방향으로 걷기 시작하였다. 아래 그래프는 B군이 걷기 시작하고 나서 시간과 그때의 두 사람의 그림자가 겹친 부분의 길이를 나타낸 것이다. B군이 A군을 따라잡는 것은 두 사람의 그림자가 겹치기 시작하고 나서 몇 초 후의 일인가?

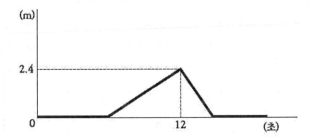

해설

먼저 그림자의 길이가 2.4m가 되는 12초 후의 상태로부터 가로등의 높이를 구한다. 다음에 A군의 그림자가 나아가는 것을 조사하면 해결의 실마리를 잡을 수 있다.

해답

출제의 그림을 보면 그림자 길이가 최대가 되는 것은 B군이 걷기 시작하고 나서 12초 후이다. B군은 여기서 A군을 따라잡기 때문에 초속 1.5m의 B군은 그 때까지 18m(=1.5×12)를 걷고 있다.

이 지점은 전봇대에서 12m(=30-18) 되는 곳이 므로 그림자의 앞 끝까지 는 14.4m(=12+2.4)이다.

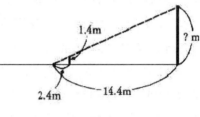

그림 1

〈그림 1〉은 이때의 모양을 나타낸 것이며, 오른쪽 끝의 굵은 막대가 전봇대, 조금 왼쪽에 있는 낮은 막대가 A군과 B군이다. 이것을 보면 1.4m의 높이에서 2.4m의 그림자가 생기므로, 같은 비율로 전봇대에 도 그림자가 생긴다고 하 면 그 길이는 14.4m이다. 이것은 높이와 그 그림자 가 비례하고 있는 것을 나 타내며, 전봇대 그림자의 높이는

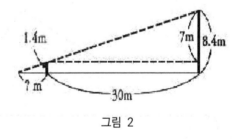

그림 2

$$(14.4 \div 2.4) \times 1.4 = 8.4(m)$$

가 된다.

다음에 A군의 그림자 길이가 어떻게 움직이는가 조사한다. 먼저 걷 기 시작하기 전의 A군은 전봇대에서 30m 되는 곳에서 있으므로 〈그 림 2〉를 보면 그림자 길이는

$$30 \times \{1.4 \div (8.4 - 1.4)\} = 6(m)$$

이다. 또 B군이 걷기 시작하였을 때를 생각하면 A군은 그 6초 전에 걷기 시작하였으므로, 초속 1m의 A군은 B군의 6m 앞을 걷고 있다. 이때의 A군 그림자의 길이는 앞의 계산의 30을 (30-6)으로 바꾸면

$(30-6) \times \{1.4 \div (8.4-1.4)\} = 4.8(m)$

가 된다. 또 B군이 A군을 따라잡은 18초 후에는 다시 (30-6)을 (30-18)로 바꾸면

$(30-18) \times \{1.4 \div (8.4-1.4)\} = 2.4(m)$

가 된다. 이것을 보면 B군이 걷기 시작하고 나서 6초 동안 그림자 길이가 1초에

$(6-4.8) \div 6 = 0.2(m)$

씩 짧아지고 A군을 따라잡기까지의 18초 동안 1초에

$(6-2.4) \div 18 = 0.2(m)$

씩 짧아진다. 어느 쪽도 같은 값이므로, A군의 그림자는 1초에 0.2m의 비율로 일률적으로 짧아지는 것을 알게 된다. 이 때문에 A군이 걷는 속도도 더하면 A군의 그림자는 초속 1.2m(=0.2+1)로 나아간다.

　B군이 걷기 시작하는 것은 A군이 걷기 시작한 6초 후이다. 그러면 A군이 걷기 시작하였을 때의 그림자의 앞 끝은 B군보다 6m 뒤이므로, 6초 후의 A군의 그림자 앞 끝은 B군보다

$1.2 \times 6 - 6 = 1.2(m)$

앞의 지점이다. B군은 이것을 초속 1.5m로 뒤쫓기 때문에 1초에 0.3m(=1.5-1.2)씩 좁혀가고 있다. 이 때문에 B군이 A군의 그림자를 따라잡는 것은 B군이 걷기 시작하고 나서 4초(=1.2÷0.3) 후이다. 그러면 B군이 A군을 따라잡는 것은 B군이 걷기 시작하고 나서 12초 후이므로 그림자가 겹치기 시작하고 나서는 8초(=12-4) 후가 된다.

산수 100가지 난문·기문 3

풀 수 있다면 당신은 천재!

초판 1쇄   1994년 08월 01일
개정 1쇄   2021년 08월 24일

지은이   나카무라 기사쿠
옮긴이   한명수
펴낸이   손영일
펴낸곳   전파과학사
주소   서울시 서대문구 증가로 18, 204호
등록   1956. 7. 23. 등록 제10-89호
전화   (02) 333-8877(8855)
FAX   (02) 334-8092
홈페이지   www.s-wave.co.kr
E-mail   chonpa2@hanmail.net
공식블로그   http://blog.naver.com/siencia

ISBN 978-89-7044-984-5 (03410)

도서목록
현대과학신서

도서목록
BLUE BACKS